国家示范性高职院校建设项目成果

职业观与职业道德

王淑桢　主编

内容提要

本书通过分析提升职业意识、加强职业道德修养、增强职业核心竞争力等典型的职业基本素质培养任务，以活动为载体，以职业发展阶段为逻辑线索，遵循从学生在校期间的职业思想准备，到初涉职场应遵守的规则操守，再到适应职场后的提升发展这一顺序，创设"走向职场"、"走进职场"、"纵横职场"三个学习情境。在内容组织上将思想道德修养、职业道德、职业规划与指导等知识和技巧进行了重构，将理论和实践有机地融为一体，突出"教、学、用"合一，使学生在"学中用，用中学"。

教材按照"以能力和素质为本位，以职业实践为主线，以活动为载体，以完整的学习情境为行动体系"的总体设计要求，以培养职业观和职业道德为基本目标，紧紧围绕职业基本素质培养，突出职业基本素质与学习活动的联系，提高学生的职业思考水平、职业道德水平、职业素质评价水平，最终提高职业核心竞争力。

本书可作为高职院校学生职业素质培养类课程教材。

图书在版编目(CIP)数据

职业观与职业道德/王淑桢主编. —北京：高等教育出版社，2009.10（2010重印）

ISBN 978-7-04-027914-6

Ⅰ. 职… Ⅱ. 王… Ⅲ. 职业道德-高等学校：技术学校-教材 Ⅳ. B822.9

中国版本图书馆 CIP 数据核字(2009)第 162112 号

策划编辑	周先海	责任编辑	陈 晨	封面设计	杨立新	版式设计	范晓红
责任校对	杨雪莲	责任印制	韩 刚				

出版发行	高等教育出版社	购书热线	010-58581118
社　　址	北京市西城区德外大街4号	咨询电话	400-810-0598
邮政编码	100120	网　　址	http://www.hep.edu.cn
			http://www.hep.com.cn
经　　销	蓝色畅想图书发行有限公司	网上订购	http://www.landraco.com
			http://www.landraco.com.cn
印　　刷	廊坊市文峰档案印务有限公司	畅想教育	http://www.widedu.com
开　　本	787×1092　1/16	版　　次	2009年10月第1版
印　　张	14.25	印　　次	2010年12月第2次印刷
字　　数	240 000	定　　价	24.00元

本书如有缺页、倒页、脱页等质量问题，请到所购图书销售部门联系调换。

版权所有　侵权必究

物料号　27914-00

黑龙江农业工程职业学院教材编审委员会

主　任：范利仁（黑龙江农业工程职业学院）
副主任：王明海（黑龙江农业工程职业学院）
　　　　刘立辉（哈尔滨汽轮机厂有限责任公司）
　　　　山　颖（黑龙江农业工程职业学院）
委　员：王祥林（黑龙江农业工程职业学院）
　　　　吕修海（黑龙江农业工程职业学院）
　　　　孙百鸣（黑龙江农业工程职业学院）
　　　　孙佳海（黑龙江农业工程职业学院）
　　　　朱晓慧（黑龙江农业工程职业学院）
　　　　许洪军（黑龙江农业工程职业学院）
　　　　吴代斌（哈尔滨飞机工业集团有限责任公司）
　　　　吴英明（哈尔滨鑫北源电站设备制造有限公司）
　　　　杨凤翔（黑龙江农业工程职业学院）
　　　　杨宏菲（黑龙江农业工程职业学院）
　　　　贾双权（哈尔滨东安机械设备制造有限公司）
　　　　解　双（黑龙江农业工程职业学院）
　　　　翟丽杰（黑龙江农业工程职业学院）
　　　　鞠加彬（黑龙江农业工程职业学院）

本书编写人员

主　编：王淑桢（黑龙江农业工程职业学院）
副主编：周海波（黑龙江农业工程职业学院）
　　　　赵颖慧（黑龙江农业工程职业学院）
编写人员：
　　　　周　静（黑龙江农业工程职业学院）
　　　　刘海丰（黑龙江农业工程职业学院）
　　　　石明忱（黑龙江农业工程职业学院）
　　　　秦　荣（黑龙江农业工程职业学院）
　　　　陈　红（黑龙江农业工程职业学院）
　　　　李胜宏（黑龙江农业工程职业学院）
　　　　廉海涛（哈尔滨锅炉厂有限责任公司）

本书审定人员

主　审：杨宏菲（黑龙江农业工程职业学院）

序

纵观世界职业教育课程改革与发展的走势,它给我们的启示体现在以下几个方面:第一,职业教育的课程应该从工作岗位、工作任务出发;第二,职业教育要强调能力本位;第三,职业教育要求学校和企业合作,两者是互补的,理论和实践不能分家。在这里,工作过程很可能是实现这些启示并由此实现职业教育培养目标的一条路径、一个手段、一个结构。

回顾中国职业教育课程改革的历史进程,我们欣喜地看到,"宽基础、活模块"课程、项目课程、德国"学习领域"课程研究,在 2008 年中国职业技术教育学会举办的"首届职业教育科学研究成果奖"的五个一等奖中占有三席,可见课程在整个职业教育中所处的核心地位,是不可取代的。

工作过程系统化的课程吸收了模块课程灵活性、项目课程一体化的特长,并力图在此基础上实现从经验层面向策略层面的能力发展,关注如何在满足社会需求的同时重视人的个性需求,关注如何在就业导向的职业教育大目标下人的可持续发展问题、教育的本质属性问题。

工作过程特点是:第一,工作过程是综合的。其综合性表现在三个能力维度的整合,即专业能力、方法能力与社会能力的整合。第二,工作过程时刻处于运动状态之中。这指的是具体工作过程中的 6 个要素,即工作的对象、内容、手段、组织、产品、环境,它们总是在不断变化之中。第三,工作过程又是相对固定的。这指的是指导具体工作过程的人的思维过程的完整性是相对稳定的,亦即资讯、决策、计划、实施、检查、评价这 6 个步骤,始终显性地或隐性地存在于一切人的一切工作过程之中。

所谓职业教育课程内容选择的适度够用,就是要以过程性知识为主,以陈述性知识为辅;或者说,要以经验和策略的知识为主,以事实、概念和理解、论证的知识为辅。因而,工作过程系统化的课程表述,不是指向学科的子区域,也不是学科的名词或名词词组,而是来自职业行动领域里的工作过程,更多地采用动宾结构或动宾结构倒置的表述。形象地说,职业教育课程的名称是写实的,而不是写意的。

工作过程系统化课程的体系和结构,可以看成是一个矩阵。纵向是学习领域,就是课程(假定课程数量为 N),遵循着职业成长的规律和认知学习的规律排列;横向是学习情境,可称之为单元(假定设置 M 个单元),其相互之间具有平行、递进和包容的关系。学习情境即单元,可以通过多个看得见、摸得着的载体来实现。载体的形式可以是项目,也可以是案例、模块、活动和问题等;而载体的内涵则可以是现象、产品、结构、种类等。如果学习情境平均为 M 个,那么通过 N×M 个结构化、系统化的工作过程的设计,就能使学生掌握 N×M 个系统化的、具体的工作过程。也就是说,其所面对的"工作过程"的频谱相当广泛。这就将"空对空"的知识或技能的传授变为"空对地"的习得过程。但是,课程设计绝不能仅仅满足这一点,还必须做到"地对空",即必须通过结构化、系统化、网络化设计的工作过程,逐步使学生得到涉及资讯、决策、计划、实施、检查、评价这一完整思维过程的训练，以应对未来。所以，这一课程设计强调"系统化"，力图通过同一范畴的三个以上的具体的学习情境的掌握，在比较和鉴别之中，使学生在"具象"中懂得"范畴"，并进一步形成"概念"，目的在于使学生具有一种能力，即在面对超出 N×M 个已掌握的工作过程之外的新的实际工作情境时，仍然能从容应对。因此，工作过程系统化课程不是企图用知识的存储去面对未来，而是试图用能力的培养去应对未来。在这样一个强调比较的工作过程系统化的设计中，学生的能力会逐步从经验层面上升到策略层面。

黑龙江农业工程职业学院机电一体化技术专业在基于工作过程系统化课程的开发与实施方面，进行了有效的尝试。该专业的 10 门专业学习领域课程全部实现了基于工作过程系统化的设计，注重工学结合，尤其是在 5 门基本素质学习领域课程系统化设计方面，更是有较大的突破，在全国高职同类课程改革中走在前列。该专业完成了基础课程和专业课程的结构化、系统化的工作过程设计，通过"隐喻、类比、建模"的教学论、方法论的教学实施，使学生逐渐积累经验并形成策略的提升。为更好地在这一课程实施中实现对学生三种能力的综合培养，实现对学生资讯、决策、计划、实施、检查、评价这一完整的思维过程训练，该专业已开发出 15 本系列教学材料。我希望，通过这些教学材料的应用与推广，能使更多的高职院校教师得到启迪，有所借鉴，进而实现高等职业教育新一轮课程改革的成功着陆。

历史给中国创造了一个极好的机遇，历史也给中国开拓了一个非常大的舞台。一个 13 亿人口大国的工业化的成功，将改变整个世界。而中国的职业教育，特别是中国的高等职业教育，必将为之做出不可替代的伟大贡献。伴随着这样一个伟大目标的实现，中国的职业教育也必将对世界职业教育，以至世界教育的发展，作出自己特殊的贡献，在历史上留下一页不朽的篇章、一块永恒的丰碑。

姜大源
2009 年 2 月 27 日

编写说明

高等职业教育肩负着培养面向生产、建设、服务和管理第一线需要的高技能人才的使命，它是以能力培养为核心的教学模式，贴近现代实用生产技术。而目前我国的机电专业高等职业教育的教学内容还没有完全赶上生产技术的发展，实践教学环节与生产实际结合不够紧密，理论与实践教学体系分离；理论教学只是对知识进行了压缩合并，还没突破传统学科知识体系的束缚，没有将理论知识与实践知识紧密围绕工作过程展开；职业教育特色不够显著，能力培养效果欠佳，学生的动手能力、创造性工作能力、团队协作能力、解决问题的能力、再学习的能力还有待于进一步增强。因此，探索一条符合我国国情、适应我国经济建设发展需要的高职教育教学改革之路，对我国高职教育发展至关重要。

黑龙江农业工程职业学院按照职业成长规律与认知规律，以服务东北老工业基地为宗旨，与哈尔滨飞机工业集团、哈尔滨汽轮机厂等大型企业合作，将机电一体化技术专业建成机电设备（农机装备）制造、安装、调试与维护的高技能人才培养基地。

该专业以岗位分析为依据，形成实践能力螺旋上升的工学交替人才培养模式，按照学院"361"课程开发实施路径，即3个阶段——制定人才培养方案、课程开发与实施、评价与反馈；6个步骤——确定典型工作任务、归纳行动领域、转换学习领域、教学情境设计、行动导向教学实施、教学评价与反馈；1个保障——组织机构、机制保障、校企合作、教学团队、教学环境、教学资源、教育科研等资源建设。构建了基于工作过程系统化课程体系，基本素质学习领域与专业学习领域改革同步进行，以机械零部件加工、电子产品制作等为载体，设计学习情境，开发了15门学习领域课程。10门专业学习领域课程全部实现了基于工作过程系统化的设计，注重工学结合，尤其是在5门基本素质学习领域课程系统化设计方面，更是有较大的突破。为实现资讯、决策、计划、实施、检查、评价这一完整的思维训练过程，成立了企业与学院共同组成的15门课程开发建设团队，编著了该套15本活页教学材料，其中信息单的内容大都以该情境中完成工作过程的经验性、过程性知识为主，以陈述性知识为辅，使学生逐渐积累经验并形成策略的提升，全面培养学生的综合职业能力，即专业能力、方法能力和社会能力。

该专业课程改革的突出特点是实现了"三个三"。第一，企业为学校实现了三提供：一是企业提供一线英才参与课程开发，二是企业提供真实生产性产品与任务，三是企业提供典型任务学习情境案例。第二，实现了三结合：一是基本素质学习领域与岗位素质要求相结合，二是专业学习领域与岗位典型工作任务相结合，三是学习情境与实际生产工作过程相结合。第三，实现了三突破：一是课程体系新突破——建立了以产品制作、故障排除等典型工作任务为载体的工作过程系统化课程新体系；二是基础课改革新突破——开发了与专业岗位要求及专业学习相适应的基本素质学习情境，提高了实际教学效果；三是教材模式新突破——开发了以任务单、资讯单、信息单等13个单子构成的新型教材15部，全部出版。

我们将此套 15 本由任务单、资讯单、信息单等 10 多个单子构成的系列教学材料在高等教育出版社出版，使我们的改革成果固化，展示我们的工学结合、教学做一体化、理论与实践融为一体的课程开发成果，为全国职业院校提供借鉴和启发，也为更好地推进示范性高职院校建设及课程改革作出我们的贡献！

黑龙江农业工程职业学院教材编审委员会
2009 年 2 月 27 日

前　言

　　加强对高职生的职业道德教育,是适应目前我国社会就业岗位技术状况的需要,是扭转高职院校教学中重能力培养、轻育人根本,重专业教学、轻职业道德教育倾向的需要,也是提高职业院校学生素质、实现高职教育培养目标的需要。本教材适应国内工学结合人才培养模式,希望通过创设有时代气息的情境,提高职业道德教育的实效性,促进学生整体职业道德水平的提高。

　　本教材一个突出的"亮点"是打破了以往职业道德类教材的知识体系,以学习活动为载体,创设出以职业发展阶段为逻辑顺序的学习情境,按照"六步教学法"组织教材内容,以表单式设计为体例,从而最大限度地激发学生学习、参与、合作、探究的积极性。

　　本教材的创新之处在于以下两点。

　　一是新视角。新时代对高职人才提出新的要求,教材采用多维视角,从产业的、市场的、高等教育的、职业教育的、世界的、中国特色的角度对企业人才岗位需求、高职院校学生职业道德素质要求、职业道德课程等进行扫描。优化的体系突破了以往过分强调知识系统性的局限,突出了实践能力与职业道德素质协同发展的新理念。

　　二是新方式。本教材吸收国内外大量的有关高职院校职业道德教育、课程体系开发与建设理论精华,创造性地、扎扎实实地对高职职业岗位群进行"职业教育战略分析——职业分析——工作任务分析——专项能力素质分析——职业道德教育课程优化与开发设计——课程实施——课程评价",并且创设有时代气息的情境,提出了优化的高职学生职业道德素质教育课程体系及其实施方案。

　　编写人员分工情况:学习情境1、2由王淑桢(黑龙江农业工程职业学院)编写;学习情境3、4、5由周海波(黑龙江农业工程职业学院)、赵颖慧(黑龙江农业工程职业学院)编写;学习情境6由陈红(黑龙江农业工程职业学院)、秦荣(黑龙江农业工程职业学院)编写;学习情境7由周静(黑龙江农业工程职业学院)编写;学习情境8由刘海丰(黑龙江农业工程职业学院)、廉海涛(哈尔滨锅炉厂有限责任公司)编写;学习情境9由石明忱、李胜宏(黑龙江农业工程职业学院)编写。

　　由于水平有限,难免存在编写失误,敬请谅解。

编者
2009年8月

目 录

学习情境 1：

"寻找适合自我发展的根据地"职业意识专题研讨 ………… 1
  任务单 ………………………………… 3
  资讯单 ………………………………… 4
  案例单 ………………………………… 5
  信息单 ………………………………… 8
   1.1 什么是职业 ……………………… 8
   1.2 与职业相关的几个名词 ………… 8
   1.3 明确的职业生涯规划是奠定职业成功的根基 …………………… 8
   1.4 正确的职业意识是造就职业成功的动力 …………………………… 10
  计划单 ………………………………… 11
  实施单 ………………………………… 13
  测试单 ………………………………… 15
  评价单 ………………………………… 19
  教学反馈单 …………………………… 21

学习情境 2：

"天生我材必有用 VS 天生我财必有用"职业价值观主题辩论 ……… 23
  任务单 ………………………………… 25
  资讯单 ………………………………… 26
  案例单 ………………………………… 27
  信息单 ………………………………… 29
   2.1 价值观、职业价值观的含义 …… 29
   2.2 职业价值观的特性 ……………… 29
   2.3 职业价值观的种类 ……………… 30
   2.4 不同时期和环境对职业价值观的影响 …………………………… 30
   2.5 确定职业价值观应处理好的几个关系 …………………………… 31
  计划单 ………………………………… 33
  实施单 ………………………………… 35
  测试单 ………………………………… 37
  评价单 ………………………………… 39
  教学反馈单 …………………………… 41

学习情境 3：

"我用我手搏命运"职业理想演讲 … 43
  任务单 ………………………………… 45
  资讯单 ………………………………… 46
  案例单 ………………………………… 47
  信息单 ………………………………… 49
   3.1 职业理想概述 …………………… 49
   3.2 职业理想的作用 ………………… 50
   3.3 职业理想的实现 ………………… 50
  计划单 ………………………………… 53
  实施单 ………………………………… 55
  测试单 ………………………………… 57
  评价单 ………………………………… 59
  教学反馈单 …………………………… 61

学习情境 4：

"细节决定成败"职场规则漫谈 ……… 63
  任务单 ………………………………… 65
  资讯单 ………………………………… 66
  案例单 ………………………………… 67
  信息单 ………………………………… 71

4.1　职场规则概述 …………………… 71
　　4.2　走进职场　遵守"显规则" …… 71
　　4.3　走进职场　先学"潜规则" …… 75
　计划单 ……………………………………… 79
　实施单 ……………………………………… 81
　测试单 ……………………………………… 83
　评价单 ……………………………………… 85
　教学反馈单 ………………………………… 87

学习情境5：
"服从力、执行力"职业操守现场
演示 ……………………………………… 89
　任务单 ……………………………………… 91
　资讯单 ……………………………………… 92
　案例单 ……………………………………… 93
　信息单 ……………………………………… 96
　　5.1　职业操守概述 …………………… 96
　　5.2　新时期职业操守的基本内容 …… 96
　计划单 ……………………………………… 105
　实施单 ……………………………………… 107
　测试单 ……………………………………… 109
　评价单 ……………………………………… 111
　教学反馈单 ………………………………… 113

学习情境6：
"和谐的追求"职业交往角色
表演 ……………………………………… 115
　任务单 ……………………………………… 117
　资讯单 ……………………………………… 118
　案例单 ……………………………………… 119
　信息单 ……………………………………… 123
　　6.1　职业交往概述 …………………… 123
　　6.2　职业交往的艺术与技巧 ………… 124
　　6.3　与上司建立良好的工作关系 …… 125
　　6.4　赢得同事好感的诀窍 …………… 126
　计划单 ……………………………………… 129
　实施单 ……………………………………… 131
　测试单 ……………………………………… 133

　评价单 ……………………………………… 135
　教学反馈单 ………………………………… 137

学习情境7：
"让青春的花在职场绽放美丽"职业
形象展示 ………………………………… 139
　任务单 ……………………………………… 141
　资讯单 ……………………………………… 142
　案例单 ……………………………………… 143
　信息单 ……………………………………… 145
　　7.1　职业形象概述 …………………… 145
　　7.2　职业形象设计 …………………… 145
　　7.3　内在形象的塑造 ………………… 146
　　7.4　外在形象的塑造 ………………… 148
　　7.5　塑造成功的职业形象 …………… 152
　计划单 ……………………………………… 153
　实施单 ……………………………………… 155
　测试单 ……………………………………… 157
　评价单 ……………………………………… 161
　教学反馈单 ………………………………… 163

学习情境8：
"企业文化面面观"企业文化
调研 ……………………………………… 165
　任务单 ……………………………………… 167
　资讯单 ……………………………………… 168
　案例单 ……………………………………… 169
　信息单 ……………………………………… 173
　　8.1　企业文化概述 …………………… 173
　　8.2　企业文化的功能 ………………… 175
　　8.3　如何适应企业文化 ……………… 176
　　8.4　中国企业文化的现状 …………… 176
　计划单 ……………………………………… 177
　实施单 ……………………………………… 179
　测试单 ……………………………………… 181
　评价单 ……………………………………… 183
　教学反馈单 ………………………………… 185

学习情境 9:
"职业商数"综合测评 187
    任务单 189
    资讯单 190
    案例单 191
    信息单 194
        9.1 职业商数的含义 194
        9.2 职商：职场发展的根本 195
        9.3 如何快速提升自己的职商 197
    计划单 199
    实施单 201
    测试单 203
    评价单 207
    教学反馈单 209

参考文献 211

学习情境1：

"寻找适合自我发展的根据地"
职业意识专题研讨

学习情境1："寻找适合自我发展的根据地"职业意识专题研讨

任 务 单

学习领域	《职业观与职业道德》——走向职场			
学习情境1	"寻找适合自我发展的根据地"职业意识专题研讨	学时		4
布 置 任 务				
学习目标	1. 认识未来所从事的职业。 2. 掌握职业意识的构成。 3. 培养职业意识。 4. 提高职业意识水平。 5. 形成乐观向上的职业追求。			
任务描述	1. 学生熟悉理论知识。 2. 教师抽取相关问题组织学生进行研讨。 3. 将学生每4人分成一个小组,选取自己所在小组参加研讨的问题(避免小组间重复),通过内部讨论形成小组观点。 4. 每个小组选出一位代表陈述本组观点,其他小组可对其进行提问,小组内其他成员也可以回答提出的问题;通过问题交流,将每一个需要研讨的问题都弄清楚。 5. 通过对职业问题的研讨,使学生准确认识自己未来将从事的职业,培养职业意识。 6. 教师进行归纳分析,引导学生培养积极的职业情感,提升学生的职业品质。 7. 根据各组在研讨过程中表达的意见或观点,由小组互评、教师点评,然后综合给出结果性评价,为小组打分。 8. 安排学生自主学习并掌握十大职业意识,巩固研讨成果。			
学时安排	资讯1学时	计划0.5学时	实施2学时	评价0.25学时	反馈0.25学时
提供资料	1. 谢元锡.大学生职业素质修养与就业指导.北京:清华大学出版社,2007 2. 张国宏.职业素质教程.北京:经济管理出版社,2006 3. 张强.大学生择业与就业指导教程.北京:世界知识出版社,2006 4. 陶学忠.职业训练.北京:中国经济出版社,2005 5. 颜咏.大学生职业道德.北京:北京理工大学出版社,2007			
对学生的要求	1. 搜集资料、整理资料、形成个人观点,在个人观点基础上综合形成小组观点。 2. 保证出勤,不迟到、不早退、不旷课,否则扣分。 3. 保证参与小组讨论,否则按旷课处理。 4. 课上应积极配合各小组进行研讨,提出个人问题或建议等,每提出有效问题或建议,均加分。 5. 提交个人及小组文字材料或PPT。			

资 讯 单

学习领域	《职业观与职业道德》——走向职场		
学习情境1	"寻找适合自我发展的根据地"职业意识专题研讨	学时	4
资讯方式	小组统一资讯	学时	1
资讯问题	1．职业、职业规划及意义。 2．职业意识及构成。 3．如何树立正确的职业意识？		
资讯引导	1．教材信息单 2．案例单 3．报刊相关资讯 4．网络相关资讯		
资讯评价	学生互评分	教师评分	总评分

案 例 单

学习领域	《职业观与职业道德》——走向职场		
学习情境1	"寻找适合自我发展的根据地"职业意识专题研讨	学时	4
序号	案例内容	案例分析	
1.1	**选定正确的目标** 　　有三个人要被关进监狱三年,监狱长许诺他们每人可以提一个要求。 　　美国人爱抽雪茄,要了三箱雪茄。 　　法国人爱浪漫,要一个美丽的女子相伴。 　　犹太人说,他要一部与外界沟通的电话。 　　三年过后,第一个从监狱出来的是美国人,他的嘴里和鼻孔里塞满了雪茄,大喊道:"给我打火机,给我打火机!"原来他在当初进去的时候,光记着要雪茄,忘了要打火机了。 　　接着出来的是法国人。只见他怀里抱着一个孩子,手上牵着一个孩子,身边的美丽女子肚子里还怀着第三个孩子。 　　最后出来的是犹太人,他紧紧地握住监狱长的手说:"这三年来我每天与外界联系,我的生意不但没有停顿,反而增长了200%,为了表示感谢,我送你一辆凯迪拉克!" 　　这个故事告诉我们,什么样的选择决定什么样的生活。今天的生活是由三年前我们的选择决定的,而今天的抉择将决定我们今后的生活。犹太人选择了接触最新的信息,了解最新的商业形势,所以创造了最大的商业效益,达到了他的预期目标。 　　从某种意义上说,人生就是选择。什么样的选择就会有什么样的结果,选择的方向直接关系到事业的成败和人生价值的实现。只有正确的、理智的选择才能引导你走向成功之路。	职场忠告 　　今天的选择决定未来的成就。 　　市场经济发展的今天,经济成分多元化、社会组织多元化、就业方式多样化,每天我们都面临许多选择。在选择的过程中,我们要提高自己的判断能力,运用智慧的眼光,进行分析比较,全面考虑之后才做出决断。要避免犹豫不决、优柔寡断;克服好高骛远、心浮气躁;摒弃盲目跟风、随心所欲。我们应时刻牢记,任何选择既要从自己的实际出发,又要对社会有益。	
1.2	**寻找真正适合自己的职业** 　　李萍是汽车专业的高职生,她的父亲是干部,母亲是教授。毕业后,爸爸为她联系了一家经济效益非常好的大出版社。可是她从来没有学习过怎样做编辑,不但文字水平很一般,而且对编稿、审稿等相关的基本常识都不知道。她看着那些厚厚的稿件和那些用红笔标注的各种符号,脑子一片迷茫。由于不能胜任工作,李萍在两个月后被辞退了。	职场忠告 　　适合自己的才是最好的。 　　每一种工作都对能力有着特定的要求,所以选择职业不能盲目,要实事求是	

序号	案 例 内 容	案例分析
1.2	没过几天,她妈妈又给她在一家广告公司找了一份工作。对于广告,李萍更是一窍不通。没到一个月,她就不干了。 　　李萍很烦恼,她的同学来看她,对她说:"你在大学学习了三年汽车专业,为什么不找自己对口的专业工作,反而去干自己不熟悉的工作呢?那里的工作再好,不适合自己也拿不起来,只有适合自己的工作才是最好的。"同学的话对她触动很大。 　　李萍开始自己到人才市场找工作。一次,她去参加汽车的展销会。只见展台上有一辆新款的宝马汽车,车旁站着一个美女。香车美女是商家的包装,也是商家推销商品的诀窍。车旁的美女十分漂亮,一大堆人围着车,不知是看车,还是看人。正在这时,来了一个40多岁的中年人,他问美女:"你们这有欧宝新威达吗?" 　　"啥叫欧宝?不知道。"美女茫然地看着那位中年人。 　　李萍听了直想笑,她对那名中年人说:"欧宝新威达是最新设计风格的车型,您看展厅最西头的那辆就是。" 　　"姑娘,这车咋样?你给介绍介绍。"中年人诚恳地说。 　　"行!"李萍领着中年人去看车。 　　李萍太熟悉车了,大学三年,她学的就是车。她对那位中年人说:"这车不错,在刚闭幕不久的日内瓦国际车展上,荣获了金方向盘奖。您看,它采用了147马力、2.2升发动机,具备手动换挡功能的自动变速箱,这是同类型中最高的质量标准。"李萍打开车门,让中年人坐上去。 　　她接着说:"怎么样,是不是挺舒适宽敞?" 　　"不错。"中年人点点头。 　　"您看,这个互动式驾驶系统(ids)是它最重要的创新,这种车是世界上最智能的车辆之一。" 　　"这车多少钱?" 　　"大约38万人民币。" 　　"它的售后服务怎么样?" 　　这时,一位胖胖的年轻人走了过来,他笑容可掬地对那位中年人说:"这位小姐说的不错,这是今年的新款,我们有着最优厚的售后服务……两年或4万公里的保修服务。" 　　"好,给我订一辆。"	地分析一下自己的学识水平和职业能力,准确地给自己定位,才能找到合适的工作。

序号	案 例 内 容	案例分析
1.2	这个胖胖的年轻人就是云详汽车进出口有限公司的老板,他很高兴,立刻让手下的职员给用户办各种手续。待中年人买完车后,他走到李萍的跟前,热情地问:"请问小姐,怎么对车这么内行啊?" 　　李萍知道他是经理后,不好意思地说:"班门弄斧了,我是学汽车的大学生,所以略知一二。" 　　"你是学习汽车的大学生,你愿意到我们云详汽车进出口有限公司工作吗?" 　　第二天,李萍就来云详汽车进出口有限公司上班了。在这里,她如鱼得水,干得很出色,不久就被提升为公司的销售主管。	

信 息 单

学习领域	《职业观与职业道德》——走向职场		
学习情境1	"寻找适合自我发展的根据地"职业意识专题研讨	学时	4

职业智慧感言：

  一个人，只有孜孜不倦于自己的职业，才能使生命真正富有意义，才能使生命变得有力和崇高。

  生命的价值在于工作。

  在选择人生的努力方向时，只要你确定了最能使你的品格和长处得到充分发挥的目标，锲而不舍地走下去，终会获得成功。

1.1	什么是职业

  所谓职业，通俗地讲是个人在社会中所从事的较为稳定的，并以其报酬为主要生活来源的社会劳动。它由以下几个要素构成：体现职业内容的职业名称，从事该职业所需要的资格和能力，工作的对象和内容，通过工作获取的报酬。

1.2	与职业相关的几个名词

  职位：与分配给个人的一系列具体任务直接相关。因此，职位和参与工作的个人相对应，有多少参与工作的个人，就有多少个职位。例如，小张是某俱乐部足球队的前锋。

  工作：由一系列相似的职位所组成的一个特定的专业领域。例如，钳工、铣工。

  职业生涯：职业生涯指从职业能力的获得、职业兴趣的培养到选择职业、就职，直至最后完全退出职业这样一个完整的职业发展过程。

1.3	明确的职业生涯规划是奠定职业成功的根基

  1.3.1 职业生涯规划的含义

  职业生涯规划是指个体在对影响自己职业生涯的主客观因素进行分析和评估的基础上，进行职业定位，确定奋斗目标，进而选择实现这一目标的职业，编制相应的工作、教育和培训的行动计划，并对每一步骤的时间、顺序和方向做出合理的安排。

  1.3.2 职业生涯规划的要素

  1. 知己。就是充分了解自己，包括自己的性格和气质特征、兴趣爱好、能力和价值取向等方面。

  2. 知彼。深入了解外面的世界，包括职业的特性、职业要求、职业发展前景和薪金待遇等方面。

  3. 抉择。根据对自己和对外界的分析结果，对自己所要从事的职业进行选择、确定。

  4. 目标和行动。对自己所要从事的职业进行确定之后，就要为自己制订目标计划，然后按照计划向自己的目标一步步迈进。

1.3.3 职业生涯规划五步骤

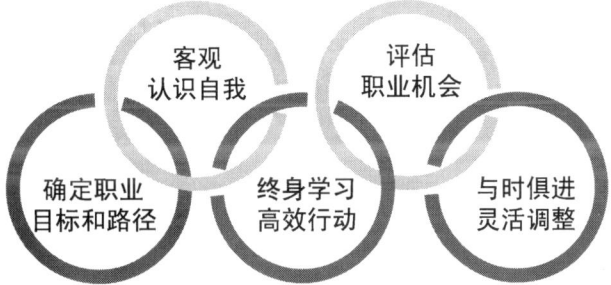

图1-1 职业生涯规划图

第一步:客观认识自我、准确职业定位。喜欢干什么——职业兴趣;能够干什么——职业技能;适合干什么——个人特质;最看重什么——职业价值观;人、岗是否匹配——胜任力特征。

第二步:评估职业机会、知己知彼。

第三步:择优选择职业目标和路径。

第四步:终身学习、高效行动。

第五步:与时俱进、灵活调整。

1.3.4 大学生职业规划的基本原则

1. 实事求是的原则。
2. 满足客观动态需要原则。
3. 扬长避短原则。
4. 就低不就高的原则。
5. 综合评价职业条件原则。

图1-2 大学生就业宣传画

1.4 正确的职业意识是造就职业成功的动力

1.4.1 什么是职业意识

职业意识即从业者在特定的社会条件和职业环境影响下,在教育培养和职业岗位任职实践中形成的某种与所从事的职业有关的思想和观念。

1.4.2 职业意识的构成

职业意识包括职业认识、职业情感、职业意志等。职业意识有社会共性的,也有行业或企业相通的。

1. 认识你的职业

职业与专业,职业与事业,职业与人生。

2. 积极的职业情感

用热情挑战工作,快乐工作,发挥强项,增强自信。

3. 优良的职业品质

养成良好的习惯,勇敢地应对挫折,高度的责任感。

1.4.3 十大职业意识的培养

1．学习意识。2．实践意识。3．企业文化意识。4．敬业意识。5．奉献意识。6．创新意识。7．竞争意识。8．合作意识。9．质量与效率意识。10．忠诚与诚信意识。

计 划 单

学习领域	《职业观与职业道德》——走向职场		
学习情境1	"寻找适合自我发展的根据地"职业意识专题研讨	学时	4
计划方式	小组统一计划	学时	0.5
计划步骤	序号	工作步骤	使用资源
制订计划说明			
计划评价	班级		第 组	组长签字	
	教师签字			日期	
	评语：				

实 施 单

学习领域	《职业观与职业道德》——走向职场		
学习情境1	"寻找适合自我发展的根据地"职业意识专题研讨	学时	4
实施方式	研讨式	学时	2
序号	实施步骤		使用资源

实施说明	
班级		第 组		组长签字	
教师签字				日期	

测 试 单

学习领域	《职业观与职业道德》——走向职场		
学习情境 1	"寻找适合自我发展的根据地"职业意识专题研讨	学时	

测 试 内 容

测一下哪种职业适合你

1. 当应邀出席一个宴会时,你会抱有什么期望?
   A. 结识新朋友,尤其是特别的朋友。
   B. 与老朋友叙旧。
   C. 出于礼貌去一下,然后回家。

2. 经过多年奋斗,你终于可以拥有一辆私家车,你会选购哪一种汽车呢?
   A. 豪华轿车。
   B. 四驱吉普车,以便假日能与一班好友郊游。
   C. 无需经常维修的经济型轿车。

3. 星期日,一班朋友到你家吃午饭,你会怎样准备?
   A. 非常兴奋地大肆布置一番,并亲自下厨准备食物。
   B. 一顿简单的便餐了事。
   C. 请每位朋友各自准备一份食物,你便可以有更多时间应酬。

4. 早在两个月前,你已预订机票准备到外地旅游,怎料出行当天航班突然取消,要次日才有航班,平白令你浪费一天假期。现在身处机场,彷徨的你会有何反应?
   A. 认为出师不利,考虑取消行程。
   B. 接受航空公司的安排,但向其他乘客喋喋不休地诉说乘飞机的苦况。
   C. 要求与经理直接对话,要他为你想办法改签机票。

5. 你的同事已另谋高就,听到他要离职的消息后,你的反应是什么?
   A. 争取机会,在送别会中一展你的口才,以博高层领导的注意。
   B. 约他外出庆祝兼欢送,并表示你将会十分怀念他。
   C. 暗自计算如何补偿你因他离职而增加的工作量。

6. 你与两位朋友在某家你们从未试过的意大利餐厅进餐,你会如何点菜?
   A. 点比较传统的菜,估计水准不会太差。
   B. 为免有人欢喜有人愁,点三种不同的主菜一起吃。
   C. 叫侍应生介绍。

7. 在超级市场购物时,你通常的习惯是:
   A. 只会看有你需要买的东西的货架,购物数量尽量少。
   B. 根据自己的购物清单,再配合超级市场货物的排列次序,有条不紊地选购,更有效利用时间。
   C. 逐行细看货物架,除了购买所需东西外,也可以看看新产品。

职业观与职业道德

测 试 内 容

8. 你要乘十多小时的飞机远赴外国探亲,登机后发现入座率只有一半,满心欢喜的你会:

  A. 计划认识新朋友,挑选在看似有趣的人旁边坐下。

  B. 选一个较独立的位置,以便躺下静静地阅读,松弛神经。

  C. 立即向空中服务员查询,企图调往空置的头等舱或商务客机机舱。

9. 当你在享受假期时,会看什么种类的书?

  A. 超级浪漫感性的爱情故事。

  B. 名人自传。

  C. 曲折离奇悬疑的侦探小说。

10. 一位好友打电话给你,哭哭啼啼地诉说她的失恋惨况,你会如何处理?

  A. 坦白说出你的想法,指出她与恋人之间问题的症结所在,并尽可能提出好的建议。

  B. 任由她尽情发泄,她现在最需要一个值得信任的朋友听她倾诉,而不是听别人说道理。

  C. 回想自己失恋时的感受和处理方法,用过来人的经验来令她好过一点。

11. 你决定将屋子重新装修,于是四处搜购家具。在第一间店铺中,你发现理想中的梳妆台,你会:

  A. 立即买下,并在当日送到家中。

  B. 确定它是否可以拉出来当床用的梳妆台,以便让更多朋友留宿。

  C. 决定多逛几间店铺,看看其他款式并比较价钱。

计分方法:

```
  1 2 3 4 5 6 7 8 9 10 11
a L L T T L T L S S L L
b S S L S S S T T L S S
c T T S L T L S L T T T
```

你的分数显示:

大部分是 L:领导者

你的思路清晰、果断,适宜从事要求快速决策的工作。你也是一个投机者,不能容忍次等表现。

  理想职业:商业行政人员、杂志编辑、形象顾问、经理、舞台监督、医生、股票经纪人、电视监制、政治家。

大部分是 S:社交家

在你看来,建立巩固的社交人际基础极为重要。你看重美学多于功用,并会以人家给你的赞美来判断自己的成就。

  理想职业:公关、演说家、儿科医生、外交官、零售营业员、娱乐刊物编辑、编剧。

大部分是 T:思想家

测 试 内 容
你热爱挑战、务实,好奇心很强,所以你同时会被艺术和科学吸引。无论你选择哪种职业都能独当一面。 　　理想职业:时事记者、摄影师、音乐家、电脑程序员、建筑师、侦探、心理学家、园艺家、市场研究员、科学家。

学习情境1:"寻找适合自我发展的根据地"职业意识专题研讨

评 价 单

学习领域		《职业观与职业道德》——走向职场			
学习情境1		"寻找适合自我发展的根据地"职业意识专题研讨		学时	0.25
评价类别	项目	子项目	个人评价	组内互评	教师评价
专业能力 (60%)	资讯(10%)	搜集信息(5%)			
		引导问题回答(5%)			
	计划(5%)	计划可执行度(5%)			
	实施(5%)	工作步骤执行(5%)			
	检查(10%)	全面性、准确性(5%)			
		思想性(3%)			
		现场应变能力(2%)			
	过程(10%)	语言表达规范性(5%)			
		问题分析逻辑性(5%)			
	结果(10%)	结果质量(10%)			
	作业(10%)	完成质量(10%)			
社会能力 (20%)	团结协作 (10%)	参与度与合作精神(5%)			
		对小组的贡献(5%)			
	敬业精神 (10%)	态度认真(5%)			
		遵守纪律(5%)			
方法能力 (20%)	计划能力 (10%)				
	决策能力 (10%)				
评价评语	班级		姓名	学号	总评
	教师签字		第 组	组长签字	日期
	评语:				

教学反馈单

学习领域	《职业观与职业道德》——走向职场					
学习情境 1	"寻找适合自我发展的根据地"职业意识专题研讨				学时	0.25
调查项目	序号	调查内容		是	否	理由陈述
	1	是否了解自身的专业与未来从事的职业？				
	2	是否能区分职业与事业？				
	3	是否有职业生涯规划？				
	4	是否喜爱自己的专业？				
	5	是否明确职业意识的构成？				
	6	是否能树立正确的职业意识？				
	7	是否具有乐观的职业心态？				
	8	对研讨式教学法是否认同？				
	9	遇到问题或困难能否解决？				
	10	是否存在不清楚的问题？				
收获、体会与感悟：						
你的意见对改进教学非常重要，请写出你的建议和意见。						
调查信息	被调查人签名				调查时间	

学习情境 2：

"天生我材必有用 VS 天生我财必有用"职业价值观主题辩论

学习情境 2:"天生我材必有用 VS 天生我财必有用"职业价值观主题辩论

任 务 单

学习领域	《职业观与职业道德》——走向职场		
学习情境 2	"天生我材必有用 VS 天生我财必有用"职业价值观主题辩论	学时	4
布 置 任 务			
学习目标	1. 了解职业价值、职业价值观及其重要意义。 2. 形成明辨是非、区分善恶的能力。 3. 摆正金钱与职业的关系。 4. 用积极进取的职业价值观指导实践,升华人生价值观。		
任务描述	1. 提前一周明确辩题,10 人一大组,每组选出 4 名辩手抽签决定正反方,1 人做辩论主席,1 人计时,组成代表队。 2. 利用一周时间搜集资料,准备辩论提纲。 3. 在课堂上分组进行现场辩论。 4. 由观看辩论赛的学生和教师对正反方观点及其辩论技巧进行评价,教师综合给出成绩。		
学时安排	资讯 1 学时 | 计划 0.5 学时 | 实施 2 学时 | 评价 0.25 学时 | 反馈 0.25 学时		
提供资料	1. 信息单。 2. 报纸杂志相关信息资料。 3. 网络信息。 4. 教学参考资料。		
对学生的要求	1. 认真把握资讯信息。 2. 明确辩题论据基本点。 3. 仔细搜集信息资料,形成个人观点。 4. 在个人观点基础上与小组意见相统一。 5. 掌握辩论技巧,注意辩论形象。		

资 讯 单

学习领域	《职业观与职业道德》——走向职场		
学习情境 2	"天生我材必有用 VS 天生我财必有用"职业价值观主题辩论	学时	4
资讯方式	小组资讯	学时	1
资讯问题	1. 职业价值观的种类有哪些？ 2. 树立正确的职业价值观需要处理好哪些关系？ 3. 职业价值观对你未来的职业发展有怎样的影响？		
资讯引导	1. 教材信息单 2. 谢元锡.大学生职业素质修养与就业指导.北京:清华大学出版社,2007 3. 张国宏.职业素质教程.北京:经济管理出版社,2006 4. 张强.大学生择业与就业指导教程.北京:世界知识出版社,2006 5. 陶学忠.职业训练.北京:中国经济出版社,2005 6. 颜咏.大学生职业道德.北京:北京理工大学出版社,2007 7. 报纸杂志 8. 网络信息		
资讯评价	学生互评分	教师评分	总评分

学习情境2:"天生我材必有用 VS 天生我财必有用"职业价值观主题辩论

案 例 单

学习领域	《职业观与职业道德》——走向职场		
学习情境2	"天生我材必有用 VS 天生我财必有用"职业价值观主题辩论	学时	4
序号	案例内容	案例分析	
2.1	**猴子觅豆** 从前有一只猴子,拿着一把豆子,行走时不小心掉了一颗豆子在地上。它便将手中的其他豆子放在地上,回头去找掉落的那一颗。结果,非但没找到那颗掉落的豆子,回头时却发现那些先前放在地上的豆子,也都被鸡鸭吃光了。 动动脑: 1. 如果你是猴子,你会如何做? 2. 你是否曾经为了追求某种事物,而把其他的都放弃了? 3. 如果你很重视的事物无法得到,你会如何呢?	猴子手中那把豆子,就像每个人拥有的东西,例如健康、金钱、声望、地位、面子、尊严、权力、爱情、学位,等等。为了一颗豆子(学位、权位、爱情……)而把其他的放弃,这样做到底是因小失大、愚昧无知,还是亦有可取之处呢?其实,值不值得,关键在于个人的价值观。	
2.2	**诸葛亮择业** 诸葛亮在"踏入职场"之前,虽隐居茅庐,但声誉在外,所谓"卧龙、凤雏得一人可安天下",就是对他的最高褒奖。按说,像他这样的人才,投奔到哪个"老板"门下,都会得到重用。但他并不着急,静观天下英雄角逐,耐心选择适宜自己发展的"老板"。 荆州是当时兵家必争的战略要地,占据荆州的是刘表,诸葛亮处在刘表的统治范围内,但诸葛亮对他不感兴趣。《三国志》说刘表有才而不能用,愚钝得像个木头人;不能知人善任;不能采纳正确的建议。跟了刘表这样的人,即使有才能也无法施展。 曹操"挟天子以令诸侯",算得上是正规军,势力也最强,但诸葛亮并没有去投奔曹操,因为当时郭嘉、荀攸、程昱等著名谋士组成的智囊团,已经在曹操心目中占据了最重要的位置,诸葛亮作为后来者,很难得到曹操的赏识。 孙权那里情况也是如此。赤壁之战前夕,诸葛亮到东吴促孙刘联盟,孙权的谋士孙昭劝诸葛亮留在东吴,诸葛亮回绝了。当时东吴谋士众多,人才济济,诸葛亮知道自己很难得到孙权的充分信任。	择业失误往往是要付出代价的。只有做出适宜自己的选择,你在职场才会有好的发展。所以,选择第一份工作时,不要盲目跟风,要把有利于学习和发展放在首位,这也是你最佳的选择。	

序号	案 例 内 容	案 例 分 析
2.2	诸葛亮最终选择了刘备。不仅因为刘备出身好，系出名门，名声也好，天下人都知道刘备仁义，更重要的是刘备当时不缺猛将，关羽、张飞、赵云都有万夫不当之勇，刘备缺乏的是运筹帷幄的谋士，而诸葛亮正是这方面的人才。 　　诸葛亮得到了刘备的充分信任，并在助刘备三分天下中立下了汗马功劳。	
2.3	**正确对待"得"与"失"** 　　一天，一个猎人带着自己的猎狗去狩猎，突然前方窜出一只野兔来，猎狗一看，非常高兴，心想，这次非要为主人拿下这只野兔不可，便去追野兔。过一会儿，猎狗看到更大的野兔，就又向后来的野兔扑去，但它又不愿让开始的那只跑掉，所以它追追这只，又追追那只，结果，两只野兔都没追到。 　　譬如一位千万富翁，很可能因为背着两百万元的债而郁郁不安；一位老板在赚到一百万时，却因为推掉一单几千元的小生意而哀叹不已；一位销售经理在得到一位大客户时，却埋怨失去了几个小客户——社会中这样的人比比皆是。他们只计较眼前小小的不如意，却不想想自己已经拥有的东西，也正因此，许多所谓的成功者反不如一般人来得快乐。甚至千万富翁自杀了，老板破产了，经理辞职了……这些人因为自己看不开，终于成了真正的失意者。	得与失在我们的心中，只有一线之隔，我们意以为得，就是得意；意以为失，就是失意。 　　创业时期，有时不好的境遇会不期而至，搞得我们猝不及防，这时我们更要学会放弃。放弃焦躁性急的心理，耐心地等待事业的转机。 　　有所得也必然有所失，只有学会了放弃，我们才拥有一份成熟，才会活得更加充实、坦然和轻松。

信 息 单

学习领域	《职业观与职业道德》——走向职场		
学习情境2	"天生我材必有用 VS 天生我财必有用"职业价值观主题辩论	学时	4
职业智慧感言:			

  工作没有高低贵贱之分,关键看你怎样去把握。

  人的思想是万物之因。你播种一种观念,就收获一种行为;你播种一种行为,就收获一种习惯;你播种一种习惯,就收获一种性格;你播种一种性格,就收获一种命运。总之,一切都始于你的观念。

——美国学者威廉·詹姆斯

2.1	价值观、职业价值观的含义

  价值观是指个人对客观事物(包括人、物、事)以及对自己的行为结果的意义、作用、效果和重要性的总体评价,是对什么是好的、是应该的总的看法,是推动并指引一个人采取决定和行动的原则、标准,是个性心理结构的核心因素之一。

  职业价值观是一个人对各种职业价值的基本认识和基本态度以及他对职业目标的追求和向往。

2.2	职业价值观的特性

  职业价值观是因人而异的。有些人把赚钱作为自己的职业追求,有些人则将贡献社会作为自己的职业追求。职业价值观具有阶段性,职业价值观不是唯一的,职业价值观是相对稳定的。

图 2-1 金钱至上的职业价值观

2.3 职业价值观的种类

英国职业生涯大师舒伯(Super)根据马斯洛的需求层次理论把职业价值观分为五个层次(如图2-2):

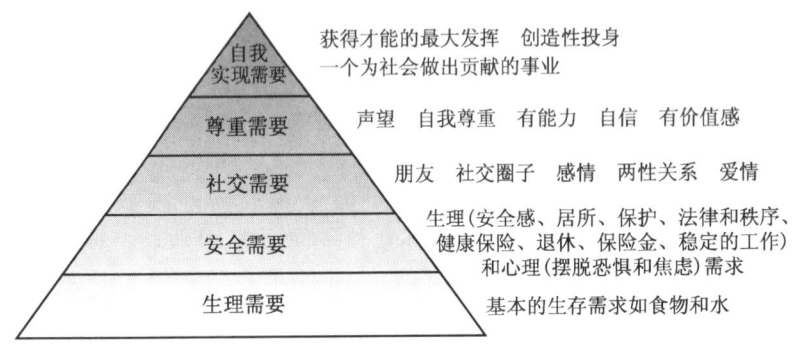

图2-2 马斯洛的需求层次理论

赫兹伯格的双因素理论同马斯洛的需求理论有相似之处,他提出的保健因素相当于马斯洛需求层次中的生理需要、安全需要、社交需要等较低级的需要;激励因素则相当于尊重需要和自我实现需要。

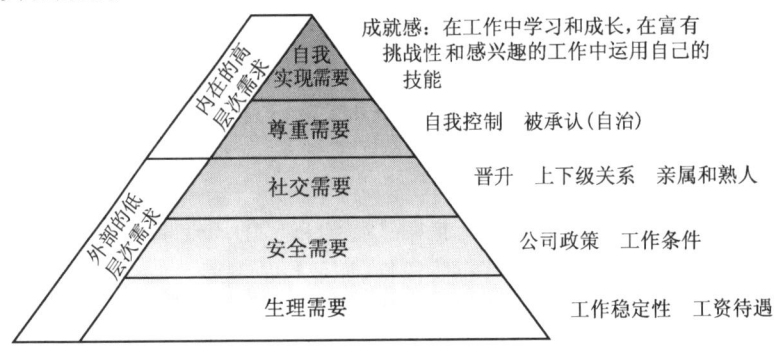

图2-3 赫兹伯格的激励理论

具体而言,我们可将职业价值观分为以下12个种类:

收入与财富,兴趣特长,权力地位,自由独立,自我成长,自我实现,人际关系,身心健康,环境舒适,工作稳定,社会需要,追求新意。

2.4 不同时期和环境对职业价值观的影响

1. "学而优则仕"曾一度成为人们的职业目标,而在经济、财富备受关注的时代,"龙下海、虎上山,孺子牛进机关"也曾风靡一时。当商场竞争激烈、风险重重,面对知识经济到来时,很多人又愿意回归到相对稳定的铁饭碗——"教师和公务员"等行列。

2. 改革开放以来,人们的职业价值观最重要的变化表现在:开始从重理想向重现实的方向发展,从重义务向重利益的方向演变,从重集体向重个体的方向转化。价值观在传统取向与现代取向之间寻求平衡,仍然是一个根本性特征。在许多表层观念比较容易变化或进行更新的同时,一些深层次的核心观念仍然保留着社会主义文化的色彩。

3. 当前人们更强调职业能否实现自己的价值。近年来的一些调查表明,当今青年择业首先考虑的因素是职业能否为自己提供良好的发展前景,能否为发掘自身潜能、实现自我价值提供机会。由此可见,人们已不再将职业仅仅当作谋生手段,自我实现这种高层次的需要正逐渐凸显出来,成为支配人们择业的首要动因。

4. 随着"铁饭碗"意识的淡化,职业风险意识正在提高。在影响职业选择的因素方面,过去曾受到极度重视的"职业的稳定性"这一因素,已经不再是很多人的首选了。它已经被排在了"发展前景和机会"、"职业所能带来的高收入"这两个因素之后。无疑,现代社会所需要的职业风险意识正在人们中间形成并得到强化。

2.5	确定职业价值观应处理好的几个关系

1. 职业价值观与金钱的关系。
2. 职业价值观与个人兴趣和特长的关系。
3. 职业价值观的排序与取舍的关系。
4. 职业价值观中个人与社会的关系。
5. 淡泊名利与追逐名利的关系。

计 划 单

学习领域	《职业观与职业道德》——走向职场		
学习情境 2	"天生我材必有用 VS 天生我财必有用"职业价值观主题辩论	学时	4
计划方式	小组统一计划	学时	0.5
计划步骤	序号	工作步骤	使用资源
制订计划说明			
计划评价	班级		第 组	组长签字	
	教师签字			日期	
	评语:				

实 施 单

学习领域	《职业观与职业道德》——走向职场		
学习情境2	"天生我材必有用 VS 天生我财必有用"职业价值观主题辩论	学时	4
实施方式	辩论式	学时	2
序号	实施步骤	使用资源	

实施说明	
班级	第　　组　　组长签字
教师签字	日期

测 试 单

学习领域	《职业观与职业道德》——走向职场	
学习情境 2	"天生我材必有用 VS 天生我财必有用"职业价值观主题辩论	学时

测 试 内 容

请在下表中的方格打"√",做完练习后在"很重要"一栏中圈出三个你打算在职业选择过程中应时刻牢记的价值取向。

职业取向	很重要	有些重要	不重要
无偿工作			
助人性的工作			
赚钱的工作			
户外的工作			
稳定的工作			
能获得尊重的工作			
保持自我生活方式的工作			
有学习机会的工作			
时间有规律的工作			
可以发挥创造潜能的工作			
体现职业生涯完成的工作			
和喜欢的人一起工作			
富含技术性的工作			
可以展示领导才能的工作			
把个人生活放在工作之上			
生活在距离工作地点很近的地方			

你的三个"最重要的"价值取向是

(1) _____

(2) _____

(3) _____

评 价 单

学习领域	《职业观与职业道德》——走向职场				
学习情境2	"天生我材必有用 VS 天生我财必有用"职业价值观主题辩论			学时	0.25
评价类别	项目	子项目	个人评价	组内互评	教师评价
专业能力(60%)	资讯(10%)	搜集信息(5%)			
		引导问题回答(5%)			
	计划(5%)	计划可执行度(5%)			
	实施(5%)	工作步骤执行(5%)			
	检查(10%)	全面性、准确性(5%)			
		思想性(3%)			
		现场应变能力(2%)			
	过程(10%)	语言表达规范性(5%)			
		问题分析逻辑性(5%)			
	结果(10%)	结果质量(10%)			
	作业(10%)	完成质量(10%)			
社会能力(20%)	团结协作(10%)	参与度与合作精神(5%)			
		对小组的贡献(5%)			
	敬业精神(10%)	态度认真(5%)			
		遵守纪律(5%)			
方法能力(20%)	计划能力(10%)				
	决策能力(10%)				
评价评语	班级		姓名	学号	总评
	教师签字		第　　组	组长签字	日期
	评语：				

教学反馈单

学习领域	《职业观与职业道德》——走向职场				
学习情境 2	"天生我材必有用 VS 天生我财必有用"职业价值观主题辩论		学时		0.25
调查项目	序号	调查内容	是	否	理由陈述
	1	什么是职业价值观?			
	2	职业价值观是否应在学习期间确立?			
	3	树立正确的职业价值观是否受环境影响?			
	4	正确的职业价值观与赚钱是否矛盾?			
	5	是否已经初步形成自己的职业价值观?			
	6	你的职业价值观与社会需求一致吗?			
	7	对树立正确的职业价值观是否有困惑?			
	8	你认为本情境用辩论式是否合适?			
	9	你认为还有更好的方式吗?			
	10	经过本情境对你以往的职业价值观是否有影响?			
收获、感悟与体会:					
你的意见对改进教学非常重要,请写出你的建议和意见。					
调查信息	被调查人签名			调查时间	

学习情境3：

"我用我手搏命运"职业理想演讲

任 务 单

学习领域	《职业观与职业道德》——走向职场		
学习情境3	"我用我手搏命运"职业理想演讲	学时	4

布 置 任 务

学习目标	1. 学习理想、职业理想、中国特色社会主义共同理想。 2. 制订并实施阶段性及长远职业发展目标。 3. 明确自身职业发展目标,为自己选择的目标付诸行动。 4. 树立崇高的职业理想,为中国特色社会主义共同理想努力。				
任务描述	1. 搜集职业理想的相关知识信息。 2. 教师确定演讲主题:职业理想。 3. 根据老师安排,利用一周时间查阅资料,确定演讲题目,准备演讲稿。 4. 运用演讲技巧,在课堂上充满激情地演讲。 5. 点评讲稿层次水平、演讲能力、情绪状态及情感饱满程度。 6. 根据演讲稿质量高低及演讲水平进行评价:自我评价、小组打分,再由教师综合小组及演讲者打分情况给出最后成绩。				
学时安排	资讯1学时	计划0.5学时	实施2学时	评价0.25学时	反馈0.25学时
资料	1. 教材信息单。 2. 教材案例单。 3. 课件。 4. 报纸杂志。 5. 教学辅助教材。				
对学生的要求	1. 不迟到,保持课堂纪律。 2. 态度端正,思想积极向上。 3. 认真领会教师意图,做好信息搜集、演讲稿写作等工作。 4. 修改演讲稿并背诵。 5. 演讲时要情绪饱满、语言清晰、声音洪亮。 6. 通过演讲达到自我教育和激励的目的。				

资 讯 单

学习领域	《职业观与职业道德》——走向职场		
学习情境 3	"我用我手搏命运"职业理想演讲	学时	4
资讯方式	个人资讯	学时	1
资讯问题	1. 理想、职业理想及意义。 2. 职业理想的类型。 3. 如何树立崇高的职业理想？		
资讯引导	1. 谢元锡.大学生职业素质修养与就业指导.北京:清华大学出版社,2007 2. 张国宏.职业素质教程.北京:经济管理出版社,2006 3. 张强.大学生择业与就业指导教程.北京:世界知识出版社,2006 4. 陶学忠.职业训练.北京:中国经济出版社,2005 5. 颜咏.大学生职业道德.北京:北京理工大学出版社,2007 6. 报刊相关资讯 7. 网络相关资讯		

案 例 单

学习领域	《职业观与职业道德》——走向职场		
学习情境3	"我用我手搏命运"职业理想演讲	学时	4
序号	案 例 内 容	案例分析	
3.1	**从业务员到业务员** 　　赵明是某高等专科学校金融专业的学生。毕业的那一年,他带着几百块钱到东莞寻找机会。通过努力,他成为那所学校第一个找到工作的毕业生,也成为那家公司的第一个外省大专生。在公司,他积极认真、工作努力。不到两年的时间里,他先后做过行政、宣传、策划、销售,经常受到公司的表扬。 　　时间久了,赵明觉得自己的能力这么高,公司给的待遇太低了,为了实现自己最初的理想,他辞掉了工作。 　　凭借一股闯劲,赵明很快找到了新工作。然而,不到一年,由于不适应公司的管理,他又离开了……从第一次参加工作到现在,这样来来回回换了15家单位……十年过去了,他依然重复着自己的职位,在一家普通的企业做业务员。	缺乏耐心、急功近利、心情浮躁,不能处理理想和现实之间的矛盾,是赵明在职场上原地踏步的主要原因。	
3.2	**梦想就在自己心中** 　　建筑工地上,工人们正在忙碌着。有人向一个砌墙小组的3位年轻工人发问:"你们好,这些天都在忙些什么呀?"甲回答:"你不是看到了,我正在忙着砌砖。"乙回答:"我忙着赚钱。"丙回答:"我忙着建设一座世界上最有特色的建筑物。"若干年后,甲和乙依然是工地上的泥瓦工,而丙却已经是赫赫有名的大建筑师了。 　　一位研究人力资源管理的学者曾经说过:对于工作,世上有三种人。第一种人,不知为何工作,得过且过,浑浑噩噩,虚度年华,工作得很痛苦;第二种人仅把工作当成谋生的手段,每天奔波劳碌,工作得很辛苦;第三种人,他是在为自己工作,享受工作,因为工作正是他生命成长中一种非做不可的使命,并为之孜孜不倦、锲而不舍。同样是工作,不同的人却有如此不同的感受,这也正是态度决定了一切。	尽管个人情况不同,但关键的一条是共同的——命运在于自己的内心追求。动力不同,思维不同,结局也就两样。	

序号	案例内容	案例分析
3.3	**比尔·拉福的职业理想设计方案** 　　中学毕业的比尔·拉福立志经商,他的父亲是洛克菲勒集团的一名高级职员,父亲的工作熏陶了年少的拉福。拉福的父亲在商界摔打了多年,对商海中的事务了如指掌,深谙其中的奥妙。他发现儿子有商业天赋,机敏果断、敢于创新,但却很少经历过磨难,没有经验,更缺乏知识。于是,拉福父子进行了一次长谈,共同制订了计划,为拉福描绘出了职业生涯的蓝图。拉福听从了父亲的劝告,大学时并没有直接去读贸易专业,而是选了工科中最普通、最基础的专业——机械制造。在麻省理工学院度过的四年,他没有拘泥于本专业,而是广泛接触了其他课程,学习了有关化工、建筑、电子等许多方面的基本知识,这些知识在他后来的商业活动中发挥了不可忽视的作用。 　　大学毕业后,他并没有立即一头扎进商海。按照原先的设计,他考进了芝加哥大学,开始攻读经济学硕士。这期间,他还特意认真学习了有关的法律知识,明白了没有法律保障,现代商业将陷入一片混乱。此外,他更注重学习微观经济活动的管理知识,而不是把主要精力用来研究理论经济学。因此,比尔·拉福对会计财务管理较为精通。这样,几年下来,他在知识上完全具备了经商的素质。 　　令人意外的是,比尔·拉福拿到硕士学位居然还是没有立即投身商海,而是考公务员,去政府部门工作。他在政府部门一干就是5年,这5年中,他在压迫下树立起强烈的自我保护意识,胸中筑起了很深的城府。在后来的商业生涯中,他很少上当受骗,没有人能算计到他,这全归功于他在政府的锻炼。此外,他通过5年的政府机关工作,结识了一大批各界人士,建立起一套关系网络,为他提供丰富的信息和便利的条件,这对他后来的商业成功帮助极大。	明确清晰的目标、客观缜密的分析,脚踏实地的努力,定会化理想为现实。

信 息 单

学习领域	《职业观与职业道德》——走向职场		
学习情境3	"我用我手搏命运"职业理想演讲	学时	4
职业理想感言：			

  思想是根基,理想是嫩绿的芽胚,在这上面生长出人类的思想、活动、行为、热情、激情的大树。

——苏霍姆林斯基

  非学无以广才,非志无以成学。

——诸葛亮

  每个人都有一定的理想,这种理想决定着他的努力和判断的方向。在这个意义上,我从来不把安逸和快乐看作是生活目的本身——这种伦理基础,我叫它猪栏式的理想。照亮我的道路,并且不断地给我新的勇气去愉快地正视生活的理想,是善、美和真。

——爱因斯坦

  要有生活目标,一辈子的目标,一段时期的目标,一个阶段的目标,一年的目标,一个月的目标,一个星期的目标,一天的目标,一个小时的目标,一分钟的目标。

——列夫·托尔斯泰

3.1 职业理想概述

3.1.1 什么是职业理想

理想是人生的奋斗目标,是人们对未来有实现可能的设想,是人们对美好未来的向往和追求。

1. 职业理想

职业理想是个人对未来职业的向往和追求,既包括对将来所从事的职业种类和职业方向的追求,也包括对事业成就的追求。它应该建立在个人的专业知识与能力、兴趣和职业激情的基础上,只有这三项内容重叠的部分,才可确立为自己的职业理想。

2. 职业理想的特点

职业理想具有差异性,职业理想具有发展性,职业理想具有时代性。

3. 职业理想的层次

初级层次的职业理想往往把职业作为谋生手段,对职业发展的前景、职业成就等基本没有考虑。在这一层次上,职业就是"饭碗"。

中级层次的职业理想通常把职业作为满足个人兴趣、特长的手段,主要关注个人的满足,没有达到社会理想的境界。

高级层次的职业理想是把职业作为个人创业、技术创新,最大限度地施展个人才华,为社会和人类的共同幸福作贡献等,是经过周密思考的,需要较长时间甚至一生的努力才能达到的境界。

4. 职业理想的划分

职业理想从性质上说,有科学和非科学之分,也有崇高与庸俗之分;从时间上说,有长远与近期之分;从主体上说,有共同的职业理想与个体的职业理想之分。

5. 职业理想的影响因素

受社会理想的影响,受人生理想的影响,受生活理想的影响。

3.1.2 什么是理想的职业

理想职业是能够将个人能力、职业理想与职业岗位最佳结合起来,达到三者的有机统一,就是特定主体的理想职业。

理想职业通常以职位、薪酬福利、发展前景等具体量化指标来衡量。这一标准因人而异,总体说来,"为自己量身定做的适合自己的职业",才是真正意义上的理想职业。

3.1.3 正确处理职业理想与现实、与理想职业的关系

职业理想与现实,职业理想与理想职业。

3.2 职业理想的作用

职业理想的导向作用,职业理想的调节作用,职业理想的激励作用(如图 3-1 所示)。

图 3-1 职业理想

3.3 职业理想的实现

3.3.1 怎样设计职业理想

自我性格与职业类型分析——认识自我,发展潜力。职业目标——"志不立,天下无可成之事"。成功标准——怎样才算成功?职业发展道路——如何走向成功?必要的培训或进修——增强可持续发展能力。

确定职业理想的步骤:

确定志向,这是形成职业理想的关键;设定职业目标,这是职业理想的核心;自我评估,认识自己,了解自己;对各种环境因素进行评估:组织环境,社会环境,经济环境;职业生涯路线,即考虑向哪一条路线发展;确定基本的职业方向,通过以上步骤基本选择出职业,形成初级阶段的职业理想;制订行动计划并采取相应措施;结合实际情况对原来的职业理想进行适当的修正。

3.3.2 根据社会需求确定符合自身实际的职业方向
3.3.3 以专业知识及技术应用能力为依据定位职业
3.3.4 确定最适合自己的职业

个体的兴趣爱好——"喜欢干什么";个体的能力水平——"擅长干什么";个体的性格气质——"适合干什么"。

美国著名的职业指导专家、约翰·霍普金斯大学心理学教授约翰·霍兰德(John Holland)根据劳动者的心理素质和择业倾向,阐明了个人与职业的匹配关系,将人和职业划分为六种类型(如图3-2所示):

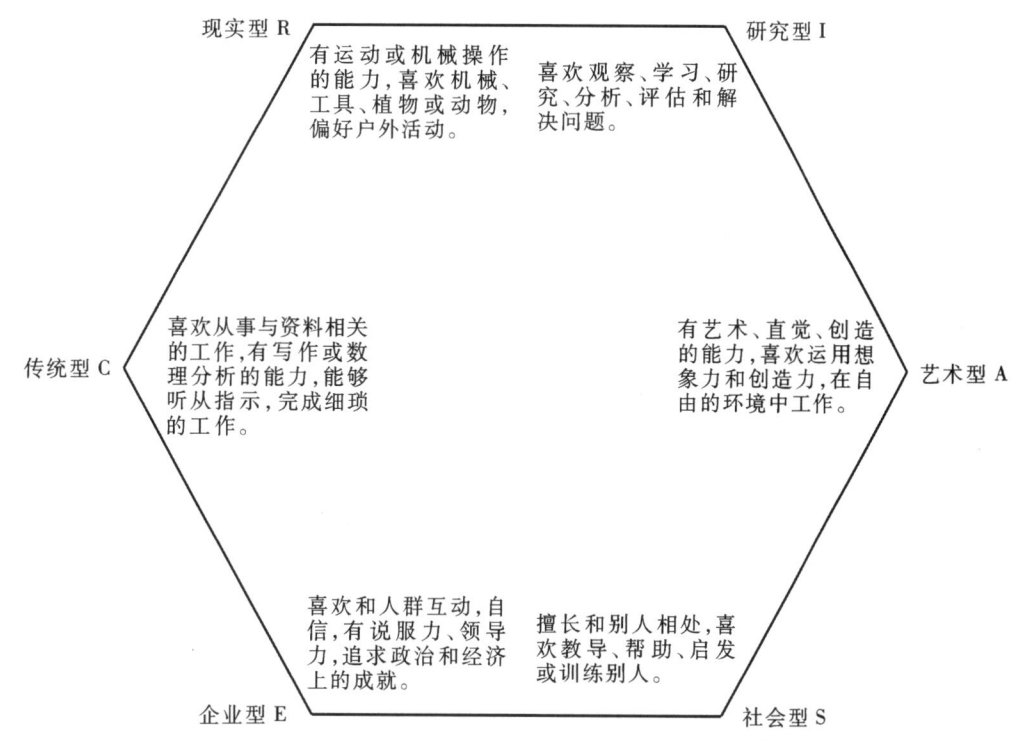

图3-2 约翰·霍兰德"职业匹配理论"图

1. 社会型

典型职业:喜欢与人打交道的工作,能够不断结交新的朋友,从事提供信息、启迪、帮助、培训、开发或治疗等事务,并具备相应能力。如:教育工作者(中小学教师、教育行政人员等),社会工作者(咨询人员、公关人员等)。

2. 企业型

典型职业:喜欢具备经营、管理、说服、监督和领导才能的,以实现机构、政治、社会及经济目标的工作,并具备相应的能力。如:项目经理、销售人员、营销管理人员、政府官员、企业领导、法官、律师。

3. 传统型

典型职业:注意细节、精确度、有系统有条理,喜欢具有记录、归档、据特定要求或程序组织数据和文字信息的职业,并具备相应能力。如:秘书、办公室人员、记事员、会计、行政助理、图书馆管理员、出纳员、打字员。

4. 现实型

典型职业:喜欢使用工具、机器,需要基本操作技能的工作。对要求具备机械方面才能、体力或从事与物件、机器、工具、运动器材、植物、动物相关的职业有兴趣,并具备相应能力。如:技术性职业(计算机硬件人员、摄影师、制图员、机械装配工等),技能性职业(木匠、厨师、技工、修理工、农民等)。

5. 研究型

典型职业:喜欢智力的、抽象的、分析的、独立的定向任务,具备智力或分析才能,并将其用于观察、估测、衡量、形成理论,最终解决问题,并具备相应的能力。如:科学研究人员、大学教师、工程师、电脑编程人员、医生、系统分析员。

6. 艺术型

典型职业:具备艺术修养、创造力、表达能力和直觉,并将其用于语言、行为、声音、颜色和形式的审美、思索和感受,具备相应的能力。不善于从事事务性工作。如:艺术方面(演员、导演、艺术设计师、雕刻家、建筑师、摄影家、广告制作人等);音乐方面(歌唱家、作曲家、乐队指挥等);文学方面(小说家、诗人、剧作家等)。

3.3.5 职业理想的十大误区

图 3-3 职业理想

我的目标就是当经理;做好本职工作就能获得提升;成功靠运气;职业规划与我无关;加班加点,才会得到赏识;上司决定你的升迁;一叶障目;不论事大事小,不分轻重缓急;不善于处理工作和生活的关系;这山望着那山高。

计 划 单

学习领域	《职业观与职业道德》——走向职场		
学习情境3	"我用我手搏命运"职业理想演讲	学时	4
计划方式	个人计划	学时	0.5

计划步骤	序号	工作步骤	使用工具

制订计划说明	

计划评价	班级		第 组	组长签字	
	教师签字			日期	
	评语:				

53

实 施 单

学习领域	《职业观与职业道德》——走向职场		
学习情境3	"我用我手搏命运"职业理想演讲	学时	4
实施方式	演讲式	学时	2
序号	实施步骤	使用资源	

实施说明	
班级		第 组		组长签字	
教师签字				日期	

测 试 单

学习领域	《职业观与职业道德》——走向职场	
学习情境3	"我用我手搏命运"职业理想演讲	学时

测 试 内 容

测测你适合什么工作

如果有机会让你到以下六个岛屿旅游,不用考虑费用等问题,你最想去的是哪个?

(1)美丽浪漫的岛屿。岛上有美术馆、音乐厅,弥漫着浓厚的艺术文化气息。

(2)深思冥想的岛屿。岛上人迹较少,建筑物多僻处一隅,平畴绿野,适合夜观星象。岛上有多处天文馆、科博馆以及科学图书馆等。

(3)现代的岛屿。岛上建筑十分现代化,是现代的都市形态,以完善的户政管理、地政管理、金融管理见长。

(4)自然原始的岛屿。岛上保留有热带的原始植物,自然生态保持得很好,也有相当规模的动物园、植物园、水族馆。

(5)温暖友善的岛屿。岛上的居民个性温和、十分友善、乐于助人,社区自成一个密切互动的服务网络,人们多互助合作,重视教育,弦歌不辍,充满人文气息。

(6)显赫富庶的岛屿。岛上的居民热情豪爽,善于企业经营和贸易。岛上的经济发达,处处是高级饭店、俱乐部、高尔夫球场。

答案解析:

六个岛屿代表着六种典型的职业生涯兴趣类型(其中,第一个是主要兴趣,第二、三个是辅助兴趣)。

选择(1):实用型。喜欢的活动:愿意从事事务性的工作,喜欢户外活动或操作机器,而不喜欢在办公室工作;喜欢的职业:制造业、渔业、野外生活管理业、技术贸易业、机械业、农业、技术、林业、特种工程师和军事工作。

选择(2):研究型。喜欢的活动:处理信息(观点、理论),喜欢探索和研究抽象问题,喜欢独立工作;喜欢的职业:实验室工作人员、生物学家、化学家、社会学家、工程设计师、物理学家和程序设计员。

选择(3):艺术型。喜欢的活动:创造、自我表达,喜欢写作、音乐、艺术和戏剧。喜欢的职业:作家、艺术家、音乐家、诗人、漫画家、演员、戏剧导演、作曲家、乐队指挥和室内装潢人员。

选择(4):社会型。喜欢的活动:帮助别人,喜欢与人合作,热情关心他人的幸福,愿意帮助别人解决困难;喜欢的职业:教师、社会工作者、牧师、心理咨询员、服务人员。

选择(5):企业型。喜欢的活动:喜欢领导和影响别人,为了达到个人或组织的目的而善于说服别人;喜欢的职业:商业管理者、律师、政治运动领袖、营销人员、市场或销售经理、公关人员、采购员、投资商、电视制片人和保险代理。

选择(6):事务型。喜欢的活动:组织和处理数据,喜欢固定的、有秩序的工作或活动,希望确切地知道工作的要求和标准,愿意在一个大的机构中处于从属地位;喜欢的职业:会计师、银行出纳、簿记、行政助理、秘书、档案文书、税务专家和计算机操作员。

评 价 单

学习领域	《职业观与职业道德》——走向职场				
学习情境3	"我用我手搏命运"职业理想演讲			学时	0.25
评价类别	项目	子项目	个人评价	组内互评	教师评价
专业能力(60%)	资讯(10%)	搜集信息(5%)			
		引导问题回答(5%)			
	计划(5%)	计划可执行度(5%)			
	实施(5%)	工作步骤执行(5%)			
	检查(10%)	全面性、准确性(5%)			
		思想性(3%)			
		现场应变能力(2%)			
	过程(10%)	语言表达规范性(5%)			
		问题分析逻辑性(5%)			
	结果(10%)	结果质量(10%)			
	作业(10%)	完成质量(10%)			
社会能力(20%)	团结协作(10%)	参与度与合作精神(5%)			
		对小组的贡献(5%)			
	敬业精神(10%)	态度认真(5%)			
		遵守纪律(5%)			
方法能力(20%)	计划能力(10%)				
	决策能力(10%)				
评价评语	班级		姓名	学号	总评
	教师签字		第 组	组长签字	日期
	评语:				

教学反馈单

学习领域	《职业观与职业道德》——走向职场			
学习情境3	"我用我手搏命运"职业理想演讲		学时	0.25
调查项目	序号	调查内容	是	否	理由陈述
	1	以前你是否树立过理想?			
	2	你有过职业理想的萌芽吗?			
	3	通过演讲是否明确了职业理想的重要性?			
	4	你的职业理想明确了吗?			
	5	是否知道职业理想与理想职业的区别?			
	6	有近期或阶段性职业理想吗?			
	7	是否明确职业理想和现实之间的矛盾?			
	8	你认为你的职业理想是否能实现?			
	9	本情境运用演讲式是否合适?			
	10	你对本情境是否有其他建议?			

收获、感悟与体会：

你的意见对改进教学非常重要,请写出你的建议和意见。

调查信息	被调查人签名		调查时间	

学习情境4：

"细节决定成败"职场规则漫谈

任 务 单

学习领域	《职业观与职业道德》——走进职场		
学习情境4	"细节决定成败"职场规则漫谈	学时	4
布 置 任 务			
学习目标	1. 掌握职场显规则,了解职场潜规则。 2. 认识职场环境,提高职场认同度及职场适应能力。 3. 克服自身弱点,实现自我超越。 4. 提高遵守职场规则意识。		
任务描述	1. 布置漫谈主题。 2. 准备谈话内容。 3. 组织主题漫谈。 4. 检查材料准备情况。 5. 比较各人陈述的观点。 6. 考查口语表达情况。 7. 根据综合结果为每人打分。		
学时安排	资讯1学时　计划0.5学时　实施2学时　评价0.25学时　反馈0.25学时		
提供资料	1. 资讯问题。 2. 信息单。 3. 教学辅助资料。 4. 网络信息。		
对学生的要求	1. 认真研究资讯单及信息单,结合实际选择自己谈话的主题。 2. 根据案例单的提示搜集有关自身话题的职场案例,作为自己谈话的佐证资料。 3. 充实材料,把自己的观点整理成文字资料,清晰地罗列出问题的层次关系。 4. 在漫谈时,注意语言表述流畅,观点明确,论据充分,并能应对其他同学的提问等。 5. 按时到课,不准迟到、旷课。		

资 讯 单

学习领域	《职业观与职业道德》——走进职场		
学习情境 4	"细节决定成败"职场规则漫谈	学时	4
资讯方式	个人资讯	学时	1
资讯问题	1. 职场规则包括哪几方面？ 2. 职场显规则有哪些？ 3. 如何遵守职场潜规则？		
资讯引导	1．谢元锡.大学生职业素质修养与就业指导.北京:清华大学出版社,2007 2．张国宏.职业素质教程.北京:经济管理出版社,2006 3．张强.大学生择业与就业指导教程.北京:世界知识出版社,2006 4．陶学忠.职业训练.北京:中国经济出版社,2005 5．颜咏.大学生职业道德.北京:北京理工大学出版社,2007 6．报刊相关资讯 7．网络相关资讯		

案 例 单

学习领域	《职业观与职业道德》——走进职场		
学习情境4	"细节决定成败"职场规则漫谈	学时	4
序号	案 例 内 容	案例分析	
4.1	**由黄健翔辞职看职场三规则** 规则1　性格规则　别让个性阻碍职业发展 　　很多网友都在猜测黄健翔辞职和他在上届世界杯期间的激情解说有很大关系。虽然当事双方都表示否认,甚至也有媒体报道称,黄健翔此次终下决心辞职应"归功"于一封其央视同事给领导的"举报信",但不少人都认为,黄健翔之所以走到今天,成也萧何败也萧何,是其性格决定的。 　　著名心理咨询专家韩三奇对此表示,可以说激情解说是一个导火索,当黄健翔把体育解说娱乐化,就给自己埋下了问题的种子。作为一个职业体育解说员,职业技能绝对不是一个人在职场能够风光无限的核心品质,职场不是独角戏,个性再强也不能超越规则的天花板。一旦给别人留下恃才傲物的印象,一定会招来麻烦。 　　职场的复杂性就是如此,一个人的性格决定了他在职场中的命运。黄健翔的同事韩乔生也有不少"语录",同样是出错,可是对于韩乔生的"语录",大家一笑了之,而韩乔生本人又特别强调要提高自己的业务素质。但黄健翔的"激情表现"招来颇多争议,与他本人对待此事的态度有很大关系,给人"错了还为自己辩护"的坏印象。切不可把"娱乐"大家,演变成"愚弄"大家。拿自己开涮可以,但拿别人开涮就必定招致指责。 规则2　工作规则　个人要服从职业要求 　　个人的工作方式如何与工作要求更加紧密地结合,在工作中怎样适度地发挥自己的个性,让自己能够在职场上标新立异,赢得各方的赞赏。这个问题或多或少都在困扰着努力前行的职场人。而黄健翔的辞职也与这些原因不无关系。那么怎样才能在充分展示自己"性格"的同时,又不失职业素养呢? 　　专家认为,作为一个体育解说员,失去了中立性就意	有些话私人场合可以说,但公众场合绝对不可以,没有对与错,只是场合不同。就像不能穿着西装跳水一样,不是西装不好,是弄错了场合。 在工作对你来说很重要的情况下,要学会改变工作方式,这会让你收到意想不到的效果,而改变工作方式和改变性格没有直接的联系。要肯定	

序号	案例内容	案例分析
4.1	味着失去了一个解说员最基本的职业素养,现场解说员一定要客观地报道他当时的所见所闻,尽可能多地提供一些信息,让观众自由评说,而不是自己随意评说。毕竟,萝卜白菜各有所爱,解说员一旦个人色彩太浓,就可能得罪一些观众。 　　也有的职业人,当面临职业发展问题时,轻易地就认为自己的性格不适合现在的工作而退出工作岗位。其实,在职场中,尽管我们每个人都会根据所处的环境和所打交道的人采取不同的行为方式,但我们的性格是基本保持不变的。你的性格会让身边的人们预测到你的很多方面,这是你存在的依据。一定要了解自己的性格特征,并据此选择合适的职业。 　　当然,性格也可能改变,特别是当你努力认识自己的潜能并试图开发它们的时候,但这个改变需要相当长的时间,是一个潜移默化的过程。所以,对现在的职场人士,接受自己的性格,改变工作的现状,才是最切实际的做法。 　　规则3　团队规则　关注集体是职场发展之道 　　在黄健翔辞职事件中,有不少报道都把矛头指向黄健翔的"擅离职守"与"漠视团队精神",专家也表示,作为主持人、解说员是需要具有自己特色的解说风格的,但"单打独斗"已经过时,发扬团队精神也是黄健翔在今后的职业生涯中必须要面对的问题。 　　无论是做自由人还是加盟其他媒体,都离不开与人合作,而且现在很多工作都不是单凭个人力量完成的,主持人工作更是如此,不能漠视别人的辛劳。黄健翔说:"我只为自己活着!"这种说法太感情用事,这就是激情本身带来的负效应。因为从心理学的角度说,激情是一种短暂的、暴发式的情绪状态,一个人不能长久处于激情状态,否则内心会积累很大的压力,甚至会出现躁狂的表现,伤害到自己的身心。 　　因此,于人于己,都要改变自我中心的观点,学习与人相处之道,多听听别人的声音,以双赢的心态对待人事变化。成熟的人最重要的特征是具备自我反思能力,而不是一味指责别人对自己不公。	原先的工作成绩,并从中归纳出自己成功的基本要素,恰当应用到新的工作模式中来。如果经过深入分析,发现自己的性格与职业的要求确实不匹配,那就需要及时地调整职业的选择和方向。 　　在工作中,一定要明确自己的角色,而不要忘乎所以,不能把公众舞台当成个人秀场。就像有些好事者估计央视的几个主持人身价过亿,但作为当事人切不可目空一切,因为过亿的身价中绝大部分是央视的品牌,而不是主持人本身。

序号	案例内容	案例分析
4.2	**从《西游记》看职场规则:"老板"唐僧该给谁发奖金** 先来看一道很有意思的职场问题:如果你是老板,你的员工有孙悟空、猪八戒、沙僧这三种类型,现在发奖金的时候到了,你要怎么分配?谁拿最多,谁拿最少? 孙悟空非常有本事,但心高气傲,有点难管理;猪八戒没什么大智慧,就懂得怎么讨老板欢心;沙僧业绩普通,不过踏实肯干,同事关系也最好。要是你以能者多得的原则选择孙悟空,那看来你还需要学习一些做老板的智慧。 两位老板——原盛大总裁唐骏和均瑶集团总裁黄辉在这个问题上,不约而同地选择把最高的奖金给沙僧,他们是以什么理由作出决定的呢? 在均瑶集团总裁黄辉看来,悟空很能干,也很忠诚,但是他可能在修养方面不是那么好,爱给老板找茬。不过,他还是可以调教的,是应该争取的员工,而且他很有点子。黄辉认为,团队里面是人无完人的,也就是说,你要去寻找一个非常完美的人,他品德好,又很有才华,这种人非常难找。作为一个领导,一定要能够带领一个有缺陷的团队,去达到预期目标,所以,这个奖金还是应该发下去。 两位老板给出的排序是:沙僧给最多,孙悟空其次,猪八戒一分不得。猪八戒这种只有嘴上功夫、没有真本事的职员,不得奖金很容易理解。毫无疑问孙悟空类型的职员是人才,他有能力,也有事业心,能为企业创造价值,绝对的绩优股,但孙悟空锋芒毕露,个性突出,这样的人往往不太懂得合作,有点个人英雄主义。孙悟空最看不上的,就是猪八戒这样耍小聪明、把精力放在拍老板马屁上的人。这两种人在一起往往是要闹矛盾的。公司内部不和谐,最头疼的还是老板。这时候,就要沙僧发挥作用了。 沙僧这种类型的员工,虽然工作能力没有孙悟空那么强,但懂得协调人际关系,在整个公司中能起到融洽氛围的作用。沙僧身上可贵的一点就是他对团队意识的重视,这也正是老板看重此类职员的原因。 很多初入职场的年轻人,有专业的知识背景和很强的学习能力,但同时也有点不知天高地厚,团队协作的意识薄弱,严格地讲,算不上一个优秀的职业人。沙僧这一类型,在有一定工作经验的人当中比较普遍。	老板期待的理想员工究竟是谁呢?首先,要具备孙悟空的潜质,然后再踏实一点,兼具沙僧的团队意识,也就是"升级版沙僧",这才是一个完美的职场人。在职场上,通过不断的工作历练,需要提升的不仅仅只是工作能力,还有全局的意识,这样才能实现真正的进化。从普通职员到能力突出的职员是一种进步,从职员到高级管理人员再到老板,这才能算作职场进化。

序号	案 例 内 容	案例分析
4.2	那么,要想在职场上晋升得快一点,是不是做沙僧型的职员就是明智的选择呢?并不尽然。"如果公司真的只有这三种人,我就谁的奖金也不发,因为他们都不是我期待的员工。"唐骏的意思是,"我就把奖金留着,等到我哪一天把这些员工全部改造好了,再发奖金"。	

信 息 单

学习领域	《职业观与职业道德》——走进职场		
学习情境 4	"细节决定成败"职场规则漫谈	学时	4
职业智慧感言:			

不以规矩,不能方圆。

——《孟子》

世界上的一切都必须按照一定的规矩秩序各就各位。

——莱蒙特

改变自己可以控制的规则、熟练运用自己可以运用的规则、掌握自己可以影响的规则、适应自己无法影响的规则、了解自己未知的规则,在自己的每一阶段回溯、思考、展望。这样,我们可以一步一步迈向成功。

4.1	职场规则概述

4.1.1 职场显规则

职场显规则即企业的管理规范。

1. 针对性。它是依据有关法律、法规,针对某项管理工作或某项生产活动而制定的操作规定,其内容必须合法,不能有任何随意性。

2. 可操作性。规范事项必须周密、精细、具体,可以直接付诸实施,不需要再订出实施细则来保证其贯彻执行。

4.1.2 职场潜规则

职场潜规则是相对于职场显规则而言的,顾名思义,就是看不见的、没有明文规定的、约定俗成的,但是却又被职场人士广泛认同并实际起作用的、必须遵循的一种规则。

职场潜规则的特点:

1. 私下认可性。职场潜规则虽无明文规定,但职场人士都在默默恪守,心照不宣地维护。

2. 隐蔽性。职场潜规则,既不公开,也不透明,也决不会将它的"规则"内容告知于他人,但是,其"规则"的内容谁都明白。

3. 约束性。谁不遵循这种"规则",谁就会受到这种"规则"的排斥、惩罚,"潜规则"很具有"杀伤力",所以,你必须要学会它、尊重它、实施它,不然你就根本进入不了你想进入的这个"圈"中,即便是进去也会发现自己无法生存,无法为这个圈子所认同,而且很快就会被抛弃。

4.2	走进职场 遵守"显规则"

4.2.1 职场显规则的作用与价值

1. 基本认识

职场显规则即企业的管理规范。建立必要的规章制度、工作流程和质量标准,是企业规范化管理的基本要素,目的是建立和维护工作秩序、防范经营危险、保障运营效率。"不以规矩,不能成方圆",这句话明白地道出了制度、流程与标准的作用,就像每个人必须遵守交通规则一样,对于企业而言,没有制度就没有好的秩序,没有流程就没有高效率,没有标准就没有公平、公正;而没有秩序、效率和公平、公正,工作质量和经营效益也就无法得到保障。

2．作用与价值

(1) 将经常发生的现象和行为标准化,制定出相应的制度、流程和标准,可以有效地减少因员工们各自的观念、知识、习惯、喜好的不同造成的内耗和摩擦,提高工作效率。

(2) 通过对责任、权利、义务、利益、流程、标准等的明确和规范,使员工们知道自己的舞台在哪里,知道自己施展才华的道具是什么,知道需要帮助和配合时该怎么办,每件事该做成什么样子,等等。可以有效地减少迷茫和错误,提高团队的工作效率和成就。

(3) 通过明确的规矩和奖惩条例,使员工们知道公司奖励什么、反对什么、要求什么、防范什么,知道自己该做什么,不该做什么,把员工的热情和力量都引到企业需要的方向和工作重心上来,减少资源的浪费,使得企业内形成强大的合力,提高竞争优势。

(4) 通过科学、公正、公平的基准和评估、奖惩标准,可以使得管理有章可循,减少个人主观意识导致的错误,有效地遏制因个人因素带来的错误甚至是荒唐的行为。

(5) 通过互为制约的规定,可以及时有效地发现和纠正错误,使得一些工作中不可避免的错误不至于泛滥成灾。

(6) 通过明确的限制标准与束缚机制,监督到位,减少漏洞,使得居心不良的人难以找到机会去伤害企业和同事,可以有效地保护企业和员工的合法权益,同时挽救那些素质较为低劣、自我控制能力不强的人,使得他们不至于滑向罪恶的深渊。

(7) 通过明确的激励标准,保护素质优良、工作热情高的员工的工作积极性,使得他们能为企业做出更大的贡献,同时促进他们的职业发展。

(8) 通过规范的预警机制,可以及时发现具体工作事项和企业整体运作过程中可能出现的危机和隐患,可以使企业更及时、更有效地预防危机与风险。

(9) 通过科学合理的规章制度和工作流程的长期实施,可以使得员工们养成良好的工作习惯,促进他们个人素质的进步,促进社会文明的进步。

4.2.2 消除面对职场显规则的消极意识和态度

1．常见的消极意识和态度

不接受批评和建议,不认真,轻视,抗拒,钻空子。

2．关于"多此一举"

有人说,这么简单的事还要规定,有上司说一下,或是问一下老同事,我们就知道了,弄出一个制度、流程、标准,实在是多此一举。这种"多此一举"的看法的错误,就在于认为企业不需要什么规章制度也能搞好。

我们知道,以规范的制度和法规为基准来管理,就是法治;以临时性的行政指令为基准来管理,就是政治,也是人治。法治和人治在企业中都是必要的,但前者比后者更重要,对企业的作用也更大。

科学、合理、规范的制度、流程和标准可以有效地降低人为因素对企业的伤害,降低企业因为管理人员的缺陷和错误而遭受损失。如果企业的一举一动都单纯依照领导的指令来进行,不仅效率低下,而且隐患重重。

良好的内部秩序是企业形成合力、对外竞争的基础。将经常发生的现象和行为标准化,制定出相应的制度、流程和标准,就可以有效地减少内耗和摩擦,提高工作效率。即使员工经常流动,也不会对工作效率造成大的影响。所以说,制定科学合理的规章制度、工作流程和质量标准对企业的积极作用是巨大的,绝非多此一举。

3. 关于"死板、教条、不灵活、影响效率"

有人说,这些制度、流程、标准什么的,太死板、不灵活,限制了我们的自由,阻碍了我们的创新,降低了工作效率,没什么好处。这种说法背后,是对制度、流程、标准的价值缺乏正确的认识。

固然,强调刚性、刻板是制度、流程和标准的要素,也可能有些内容对灵活创新有所妨碍。但是,总体上来看,恰恰是这些刚性的规定,对各项工作过程的质量要求、控制责任与权力等列出了明确的规定,使得同事之间、部门之间在工作协调和配合上有章可循,减少了因为职业不同、利益不同、看问题的角度不同等原因产生的摩擦和内耗,给工作带来了基本的效率和质量保障。

规范与灵活是唇齿相依的两个要素,两者都是企业经营管理的基石。没有法规就没有秩序,没有秩序就没有效率。

请记住,科学合理的制度、流程和标准给企业带来的不是死板的教条,而是顺畅和效率。

4. 关于"麻烦、复杂、费时费力"

有人说,公司的这些制度、流程和标准实在是太复杂了,执行起来很麻烦,占用了很多时间,还要花时间去应付,觉得别扭。产生这种看法的主要原因就在于,他们没有认识到认真执行这些管理规范能给企业和自己带来什么。

作为企业的员工,我们的工作时间和精力应该用在履行岗位职责、促进企业发展方面,其中还有一部分要用在不直接创造效益的工作事项上,如填写工作记录表格、写工作计划和工作报告、按照规矩办理各种手续等。这些工作事项虽然不直接创造效益,但对个人和企业都有积极的作用,甚至是很大的作用,主要体现在以下几个方面:

帮助你科学地反思工作内容和工作质量;帮助其他环节的同事更好地认识和配合你的工作;使你处理具体工作事项时麻烦更少、效率更高;使你的上司和企业相关部门更客观地考核与评估你的工作质量与业绩;使你为企业创造的工作成就和资源得到保护;使你更好地履行自己的岗位职责。

不要怕麻烦,不要嫌复杂。按照制度和流程做好各项工作,对你本人和企业都会有很好的作用。

5. 关于"不尊重人、非人性化、不自由"

"这也管,那也管,限制这、限制那,不尊重我们,不把我们当人看"、"什么以人为本,都是以公司为本"、"动不动就是按照制度流程和标准来办,哪里会考虑到我们的实际困难",

等等牢骚话,在一些企业里是常常能听到的。

以人为本、尊重人、人性化管理等,是现代企业管理的一个主题,值得企业管理人员高度重视。但是,把以制度、流程和标准的建设与执行为基础的规范化管理与人性化管理视为相互对立的两个模式,则是错误的认识。不幸的是,持这种错误认识的企业员工还不少。

产生这种错误的认识的主要原因,就是他们对"尊重员工"、"关心员工"、"以人为本"等概念本身缺乏正确的认识,没有认识到规范化管理中包含的"人"字。

科学地看,以公开的、规范的制度、流程和标准作为管理的基本工具和标准,本身就体现了对员工的公平、公正,就是对员工的尊重。如果没有明确的规章制度,而是以上司的个人情绪、感情、喜好为依据来督促、考核、评估员工的工作,那才是不尊重人。

依照规章制度对员工进行奖励和处罚是企业里常见的事。当受到表彰奖励时,员工们不会多说什么;而当受到批评处罚尤其是经济处罚时,员工们往往有不少怨言,抱怨企业的管理缺少爱,是非人性化的管理等。这个误区很普遍,很容易使员工对企业的管理产生抗拒心理。

请记住,企业对员工的爱应是关爱,而不是溺爱。

关爱最重要的体现就是为员工的未来负责、促进他们的成功和幸福。这就包括正确的指导、有效的督促和规范的奖惩,这种爱是高层次的爱,不是低层次的、糊里糊涂的、让员工得到短暂满足却失去美好未来的"爱"。对企业员工来说,科学有效、规范合理的管理是严肃的、长远的爱,哪怕这种爱让你感到痛苦。没有表扬和激励的严是偏激的严,没有批评和督促的爱是欺骗的爱。

同时,我们还必须清楚地认识到,支撑自由的两大支柱是遵守规则和优质高效。做到了这些,你会感到工作顺畅,才能在企业给你提供的舞台上翩翩起舞。

6. 关于"只对企业有利"

有些员工说,公司制定这些规章制度和工作流程只是为了让我们更多地为企业出力,为了企业赚钱。

其实不是这样的。

"一个和尚挑水吃,两个和尚抬水吃,三个和尚没水吃。"这个寓言告诉我们,在一个缺乏制度的团体内,每一个个体都会想办法谋求自身利益的最大化或是付出成本的最小化,反而导致整体无效益,最终使得大家都没法活下去。

员工是企业主要的人力资源,企业的价值与员工的价值是相互关联的。只要你在这个企业里工作一天,这一天就与企业密不可分,对企业有利的事会很具体地落实到包括你在内的企业员工身上。

企业建立科学合理的规章制度、工作流程和质量标准,意味着企业内部结构清晰、责任明确、运作顺畅、监督到位、工作内耗少、能有效地预防危机与风险。对于企业员工来说,可以从中得到的利益主要体现在:保障我们的生活资源,保护我们的职业前途;保护我们的时间和精力,提高我们的工作效率;保护同事之间的协作效率和友情;预防职务犯罪,保护我们的职业生涯;督促我们进步和成长。

4.3 走进职场 先学"潜规则"

4.3.1 新人表现

1. 冲劲过猛

王旭初,某集团销售经理,刚到公司的时候理想很高,很卖力,满怀信心、满怀热情。常常加班加点,有时很晚了自己仍很兴奋,顺手就会把同事没干完的工作给干了。第二天洋洋得意地对同事说时,他们的表情很不自在,但也没注意。每次开会之前他都会准备一夜的发言稿,发言都是占用时间最长的,可发言结束之后,掌声还没有议论声音大。这样的境况持续了一年,他才开始反省。

2. 得罪了平庸同事

陈丽花,某广告公司业务员,刚来单位时老替领导瞎操心,总觉得有些人白吃饭不干事。在单位中喜欢和那些工作卖力、业绩高的同事来往,对那些一天到晚只知道涂脂抹粉的同事很看不起,甚至在领导那里暗示应该开除这些人。后来听同事说,那几个平时看起来不干活的同事每年都各自能拿回几个政府或大型外企的订单,才明白原来每个同事其实都不简单。

3. 当众让领导难堪

黄小明,人事职员,觉得自己很能干,人缘也不错。无论是组织会议还是其他工作都能帮领导打理得井井有条,他写的文件不经部门领导审批,就能让老总满意。可是身边的"平庸之辈"都升职了,他却依然只是个普通职员。直到上次开会,领导有个知识盲区出了错误,他及时指了出来,领导瞪了他一眼,才知道自己在他们眼中其实并不受欢迎。

4.3.2 案例分析

1. 有冲劲但不要自负

职场新人往往有很强的干劲和表现欲,希望马上能够通过自己的努力做出成绩并获得领导认可。但在这个过程中,有些人却不能够谨慎处理同周围同事的关系。

职场新人有冲劲是好事,往往能够给组织或团体带来新鲜的活力。但如果过于看重自己的能力而忽略周围同事的感受,往往容易传达给周围同事一种"你不如我"的感觉。又因为缺乏长期相处的信任关系,即使你有好心和干劲,也很难得到别人的认同和理解了。作为一个职场新人,只有先从本职工作做好做精,建立起大家对你的信任,然后你的十足干劲才容易为人重视而非被同事误解。

2. 初入职场不要过多评价同事

职场新人总是希望能够就一些"不合理"的人和事向领导提出自己的见解。但在不了解事实真相的情况下,就对团队成员妄加评论、盲目判断,尤其是还让这些言辞流传到同事耳朵里,正是犯了职场大忌。

职场新人刚到新的环境,耐心了解和熟悉周围的环境是很重要的。在不了解人事关系的情况下,尤其应该避免对周围同事妄加评论。因为在你还没有显露出你的能力时,这样做反而先暴露出你的"爱传是非"的缺点。所以,谨言慎行对于职场新人尤为重要,要先耐心看清环境,通过自己的行为做事让别人了解你。

3. 不要卖弄自己的才能

我们看到的第 3 个案例中,那位新人工作能力不错,却恰恰忽略了"部门领导"的感受。古语云:"对尊长,勿见能。"意思是在领导长辈面前不要故意卖弄你的才华。卖弄才华、锋芒毕露的人往往容易遭到别人的妒忌,反而给自己平添了许多的阻力。所以我们看到职场上,并不鲜见有才华并露锋芒的人发展不顺利同时受到团体的排斥。在职场中,有才华并且谦虚谨慎的人更容易得到大家的信任。所以,职场新人尤其要注意不要卖弄才能,只有德才兼备的人才会受到企业的青睐,并获得很好的发展。

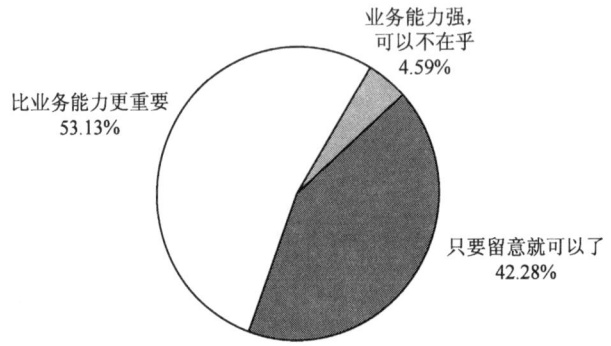

图 4-1 "你认为公司潜规则对新人的影响有多大?"调查数据

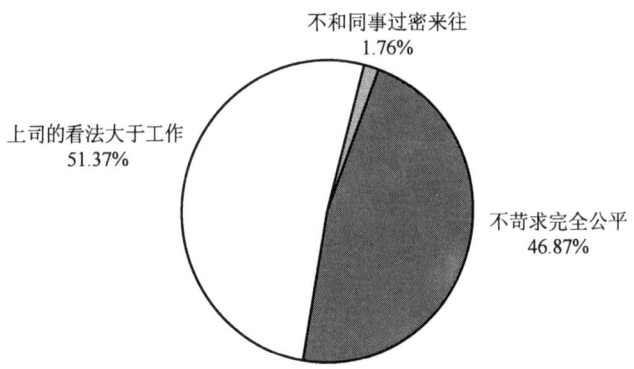

图 4-2 "你认为最重要的职场潜规则是什么?"调查数据

4.3.3 多个角度了解企业"潜规则"

招式一:仔细观察法

潜规则虽然无形,但也是有迹可循的。如开会发言的习惯、工作方式的习惯、内部信息沟通的方式等等,从这些侧面就可以判断一个企业长久以来形成了什么样的组织文化。

招式二:虚心咨询法

企业文化的承载体实质上是人而不是企业。所以,企业中的老员工往往是企业文化最忠实的支持者或者被同化者,他们的行为准则与思维习惯在某些侧面也可以视为该企业潜规则的表现。新人可以向这些老员工虚心请教咨询,向他们了解组织的方向、领导的管理风格等内容。

招式三:横向对比法

企业的潜规则既可能是完全由内部生长而成,也可能由于外部的某些影响引发。新人可以将自己所在的企业与同行的企业进行对比,从企业策略、员工行为、发展目标、营销手法等多个方面去比较,从中可以了解自己所在的企业有哪些特有的组织行为方式,比如对于企业道德准则的看法、对于企业社会责任以及企业业绩之间的权衡度。组织行为方式可以深刻反映出最高层管理者的思维方式以及企业长久以来形成的企业文化,而这些也是企业潜规则的重要方面。

4.3.4 职场总结:成熟的麦穗总是低着头

有很多职场新人,买了很多的"职场生存手册"之类的书籍,希望能够凭借一些技巧和窍门来帮助自己顺利地度过这段职业适应期,却不知市面上很多讲述人际技巧的书籍往往忽略了内在心态品质的重要性,这些书籍讲述的小技巧其实只是细枝末节。小小办公室之中,也有各种潜规则,再多的职场提示也概括不全那么多繁文缛节。

正如职场专家说的,只有在心态上真正谦虚恭敬地看待外面的人和事,才能够在各种复杂的工作场合游刃有余。"成熟的麦穗总是低着头的",新人能够为职场带来新鲜的思想和活力,而只有了解职场特点的人才能成为真正的职场强者。

计 划 单

学习领域	《职业观与职业道德》——走进职场		
学习情境4	"细节决定成败"职场规则漫谈	学时	4
计划方式	个人计划	学时	0.5
计划步骤	序号	工作步骤	使用资源
制订计划说明			
计划评价	班级		第 组	组长签字	
	教师签字		日期	
	评语:			

实 施 单

学习领域	《职业观与职业道德》——走进职场		
学习情境4	"细节决定成败"职场规则漫谈	学时	4
实施方式	漫谈式	学时	2
序号	实施步骤	使用资源	
实施说明			
班级		第 组	组长签字
教师签字		日期	

测 试 单

学习领域	《职业观与职业道德》——走进职场		
学习情境 4	"细节决定成败"职场规则漫谈	学时	
测 试 内 容			

你是"成熟大虾"还是"无知虾米"

马莉在一家很大的金融公司工作。一天,老板起草了一份两页长的计划书,可是马莉认为这个计划很有可能增加成本,或者会引起客户和员工不满,总之不切实际,而且无法实施。你觉得马莉会怎样处理这件事情呢?

A. 第二天早上,去老板的办公室,告诉他这个计划书不切实际,无法执行。

B. 采取迂回的方式告诉老板自己对于计划书的看法,最终的决策还是由老板做。

C. 暂时抛开自己的想法,按照老板的计划书执行,等到出现问题后再提出自己的想法和建议。

测试结果:

A. 你的职场成熟度看来不是很高啊!你的举动在一开始就让老板有了防备之心。实际上,还会让老板感觉到你似乎不够资格管理这一切。给你的职场小建议是:当你对老板的决定有不同意见时,不要直接说出你不同意,要知道你的这种表现会让老板觉得你在质疑他的权威,本来你是好心建议,反而会让自己处于很尴尬的地位。

B. 看来你已经是"职场大虾"了。你非常懂得用婉转的方式向你的上司阐述你的观点。你深知,如何在照顾老板面子和实现自我价值上取得完美的平衡。相信你的职业道路也会走得比其他人都要轻松、顺畅的。

C. 你已经在职场中有所历练了,但是,这样的做法不是最好的选择。要知道,老板不喜欢那些当面质疑他权威的人,但是也同样不喜欢自己的下属老是以一副"事后诸葛亮"的形象出现。如果真的有更好的想法,建议你在仔细想清楚以后,用一种婉转的方式向老板提出来。这样不仅照顾到了老板的面子,还让自己的想法得以实现,更好的是,会让老板觉得你确实是在为公司的利益考虑,以后也会更加重用你的。

评 价 单

学习领域	《职业观与职业道德》——走进职场				
学习情境4	"细节决定成败"职场规则漫谈		学时		0.25
评价类别	项目	子项目	个人评价	组内互评	教师评价
专业能力(60%)	资讯(10%)	搜集信息(5%)			
		引导问题回答(5%)			
	计划(5%)	计划可执行度(5%)			
	实施(5%)	工作步骤执行(5%)			
	检查(10%)	全面性、准确性(5%)			
		思想性(3%)			
		现场应变能力(2%)			
	过程(10%)	语言表达规范性(5%)			
		问题分析逻辑性(5%)			
	结果(10%)	结果质量(10%)			
	作业(10%)	完成质量(10%)			
社会能力(20%)	团结协作(10%)	参与度与合作精神(5%)			
		对小组的贡献(5%)			
	敬业精神(10%)	态度认真(5%)			
		遵守纪律(5%)			
方法能力(20%)	计划能力(10%)				
	决策能力(10%)				
评价评语	班级		姓名	学号	总评
	教师签字		第 组	组长签字	日期
	评语:				

教学反馈单

学习领域	《职业观与职业道德》——走进职场				
学习情境4	"细节决定成败"职场规则漫谈		学时		0.25
调查项目	序号	调查内容	是	否	理由陈述
	1	你是否查阅了网络信息?			
	2	你是否有独到的观点?			
	3	你对职场规则有无抵触情绪?			
	4	你能否顺利适应职场规则要求?			
	5	经过本情境的学习你是否有新的收获?			
	6	你有过打工经历吗?			
	7	你在实际生活中是否有规则意识?			
	8	如果你是企业老板,你会狠抓规则吗?			
	9	对于你无法认同的规则你会抗拒吗?			
	10	你违反过规则吗?			
收获、感悟与体会:					
你的意见对改进教学非常重要,请写出你的建议和意见。					
调查信息	被调查人签名			调查时间	

学习情境 5：

"服从力、执行力"职业操守现场演示

任 务 单

学习领域	《职业观与职业道德》——走进职场		
学习情境5	"服从力、执行力"职业操守现场演示	学时	6

布 置 任 务				
学习目标	1. 了解敬业的内涵及基本要求;提高服从意识和敬业思想。 2. 了解诚信及其重要性;提高诚实守信的意识。 3. 明确服务的内涵、新时期服务的发展及基本要求;掌握专业知识技术,增强服务的能力。 4. 掌握奉献的内涵及基本要求;提高帮助他人、奉献社会的意识。			
任务描述	拓展游戏之团队过河 游戏目的: 决策与解决问题,强化团队运作的能力。 游戏器材: 栈板3~5个,每个栈板间距离2.3~2.4 m、(木)踏板2片(1.8 m及1.2 m长)。 游戏规则: 1. 全组人员一起站上第一块栈板,并带着二个踏板出发。 2. 进行过程中若有任何一人掉落栈板,则整组必须重来。 3. 踏板若掉落也必须重来。 4. 整组人员必须带着二个踏板至最后一站,并唱完一首歌,才算完成。			
学时安排	资讯2.5学时	计划1学时	实施2学时	评价0.25学时　反馈0.25学时
提供资料	1. 谢元锡.大学生职业素质修养与就业指导.北京:清华大学出版社,2007 2. 张国宏.职业素质教程.北京:经济管理出版社,2006 3. 张强.大学生择业与就业指导教程.北京:世界知识出版社,2006 4. 陶学忠.职业训练.北京:中国经济出版社,2005 5. 颜咏.大学生职业道德.北京:北京理工大学出版社,2007 6. 报刊相关资讯 7. 网络相关资讯			
对学生的要求	1. 注意安全。 2. 注意策略形成的过程。 3. 建立团队运作的机制与能力(沟通、协调、互助……)。 4. 形成成员对团队的认同感与共识。 5. 如何取舍个人利益与团队利益。			

资　讯　单

学习领域	《职业观与职业道德》——走进职场		
学习情境5	"服从力、执行力"职业操守现场演示	学时	6
资讯方式	个人与小组资讯相结合	学时	2.5
资讯问题	1. 职业操守的内容。 2. 诚信的重要性、如何提高诚信度。 3. 如何提高执行力和服从力？		
资讯引导	1. 教材信息资讯 2. 案例单 3. 报刊相关资讯 4. 网络相关资讯		

案 例 单

学习领域	《职业观与职业道德》——走进职场		
学习情境5	"服从力、执行力"职业操守现场演示	学时	6
序号	案例内容	案例分析	
5.1	**坚持的力量** 　　王成是一位颇有才华的年轻人，毕业于名牌大学，很自信，志向也很高，但对待工作总是比较浮躁，受不得半点委屈，遇到不顺心的事就一走了之。就这样，工作3年多，换了七八家公司，每家最多待不过半年。而与他同时毕业的同学中，那些跳槽比较少的大多都已成为骨干员工，还有的已担任部门经理，而王成却还在不断地被"试用"。一次，王成在离职后碰到一位老同学小赵，小赵才华不如王成，在大学里一直是王成的"小弟"，很佩服王成。因为自信心不是很强，所以，小赵对工作兢兢业业，不敢轻易跳槽，到一家公司工作以来一直没有变动。由于他工作勤恳认真，受到老板的器重，目前已经是公司的部门经理了。得知小赵主管的部门正在招聘新员工，而且与自己的兴趣对口，王成带着一颗疲惫的心，舍下面子向老同学提出要到他主管的部门去，原以为小赵会"受宠若惊"地热情欢迎，谁知小赵却一口拒绝，理由很简单——我们的庙太小，养不起你这个大方丈。	一个人如果缺乏敬业精神，就不能静下心来踏实工作。这样的人即使是个杰出人才，自己也难以得到更大的舞台，企业也只能对你敬而远之。	
5.2	**做人的原则** 　　周亮是一家公司的项目经理，经常在外地负责工程项目的运作和管理。公司对项目经理的差旅费、交通费和通讯费等都有明确的规定，但为保障工作效率也留有一些余地，有一些关于遇到特殊情况时可以另行处理的条款，如打车的费用等方面，限制得不够明确。所以，周亮就在一次工程项目完工后，把自己私人活动的出租车费等拿到财务部报销，在编了几句谎言应付部门经理和财务人员的疑问后顺利办完了手续，多拿了100多元钱。那是周亮第一次报假账，有些心虚，内心也有些不安。但是，顺利地拿到钱之后，他发现没有人过问，心虚和愧疚也就渐渐远去了。 　　从此，周亮一发不可收拾。他开始利用每次出差的机会收集一些票据来报销，少则几十元，多则几百元，把大量的时间和精力用在钻公司的空子上，根据出差时间长短，精心算计，编造谎言欺骗公司。部门经理发现他的费用比其他项目	认认真真做事，踏踏实实做人是最基本的处世原则，诚实守信也是一位员工应该具备的最基本的职业道德。	

序号	案例内容	案例分析
5.2	经理的高出不少,而且越来越高,就向他提出了警告,要他注意成本,不要做错事,但他也不在意,依然我行我素。 　　年终结算时,终于引起了项目部和财务部的关注,在对周亮一年的费用进行认真审核后,发现他的费用比其他项目经理高出30%以上。其中,有一天,在一个内地县城的出租车费用高达100元以上,足够绕县城十几圈;手机费也出奇的高;还有一些餐饮票据也明显不合理。公司要周亮做出解释,周亮此时只能无言以对。最后公司决定,从周亮的工资和年终奖中把他多报的费用扣下来,并将周亮开除。	
5.3	**谦虚的价值** 　　有一个刚从学校毕业的大学生,踌躇满志地进入一家公司工作,却发现公司里有那么多局限性,而老板分配给他的工作又是一个谁都能胜任的办公室日常事务性工作。一向自视清高的他,别提多么失望了。 　　他到处发泄自己的不满,但好像并没有人理睬他。他只好埋头干活,虽然心里仍有不情愿的感觉,但不像刚去的时候那样浮躁了,而是努力去做自己手头上的事情。每做好一件,他都会得到老板的肯定,他的虚荣心也就被满足一次,靠着这种卑微的"虚荣心的满足",日子就这样一天天过去了。 　　有一天,他认识了一位白发苍苍的老人,开始他并没有注意到这位老人,只是后来由于工作的原因,与那位老人打了几次交道。经人介绍说,这位老人就是公司总裁的父亲,他没有因为特殊的身份而讲究太多,竟然是那么平常,那么不起眼,每天与大家一样上班下班,风雨无阻。 　　这实在让人难以想象! 　　年轻人记得老人曾经对他说过的一句话:"把手头上的事情做好,始终如一,你就会得到你想要的东西。" 　　年轻人记住了老人的教诲,开始投入地做任何一件事情,无论自己如何地不情愿,都尽心尽力地做好,而且在做了以后,自己的心态也就平静了。后来,他成了这家公司的总经理。 　　过了好多年,年轻人还记得老先生的那句话。	无论手头上的事多么不起眼,多么繁琐,只要你认认真真地去做,就一定能逐渐靠近自己的理想。行动就在你的脚下!

学习情境5:"服从力、执行力"职业操守现场演示

序号	案 例 内 容	案例分析
5.4	**主动的效果** 约翰和汤姆同时受雇于一家零售店铺,并拿同样的薪水。可是一段时间以后,约翰青云直上,而汤姆却在原地踏步。汤姆很不满意老板的不公正待遇,终于有一天,他到老板那儿发牢骚了。老板一边耐心地听他抱怨,一边在心里盘算怎样向他解释清楚他和约翰的差别。 "汤姆",老板开口说话了,"你今早到集市上去一下,看看今天早上有什么卖的。" 汤姆从集市上回来后向老板报告说:"今早集市上只有一个农民拉了一车土豆在卖。" "有多少?"老板问。 汤姆赶快戴上帽子又跑到集市上,然后回来告诉老板一共四十袋土豆。 "价格是多少?" 汤姆又第三次跑上集市问来了价钱。 "好吧"老板对他说,"现在请你坐到一把椅子上,一句话也不要说,看看别人怎么做。" 然后,老板把约翰叫来,要求他做同样的事情。 约翰很快就从集市上回来了,并汇报说,到现在为止只有一个农民在卖土豆,一共40袋,价格是10美分一斤,土豆质量很不错;他还带回一个让老板看看。另外,昨天那个农民铺子里的西红柿卖得很快,库存已经不多了。他想这么便宜的西红柿老板肯定会进一些的,所以他不仅带回了一个西红柿样品,而且他把那个农民也带来了,他现在正在外面等回话呢。 此时,老板转向了汤姆,"你现在肯定知道为什么约翰的工资比你高了吧?"	同样一件事,汤姆分几次去做,而约翰一次把它做完,而且还带来了样品和信息,这就是有没有主动工作的差别所在。

信 息 单

学习领域	《职业观与职业道德》——走进职场		
学习情境5	"服从力、执行力"职业操守现场演示	学时	6
职业智慧感言：			

小胜凭智,大胜靠德。

——牛根生

关于成功的经验,如果你问一百个人,可能会有一百种答案,这是个性使然。但在成功人士的身上,却有着相同的共性,就是不管发生什么事,都要做一个有着高尚品格的人

——吴甘霖

人在智慧上应当是明豁的,道德上应当是清白的,身体上应当是洁净的。

——契诃夫

5.1 职业操守概述

5.1.1 什么是职业操守

职业操守是职业道德的外在表现,是从业人员在职业活动中应该遵循的行为准则,涵盖了从业人员与服务对象、职业与职工、职业与职业之间的关系。

5.1.2 职业操守的特点

1. 职业操守具有适用范围的有限性。
2. 职业操守具有发展的历史继承性。
3. 职业操守具有强烈的纪律性。

5.1.3 职业操守的作用

1. 调节职业交往中从业人员内部以及从业人员与服务对象间的关系。
2. 有助于维护和提高本行业的信誉。
3. 促进本行业的发展。
4. 有助于提高全社会的道德水平。

5.2 新时期职业操守的基本内容

5.2.1 爱岗敬业

1. 爱岗敬业的内涵

爱岗,就是热爱本职工作,以正确的态度对待所从事的职业活动。敬业,是爱岗的升华,是指从业人员尽职尽责、一丝不苟的行为,以及在职业生活中表现出来的兢兢业业、埋头苦干、任劳任怨的强烈事业心和忘我精神。

2. 不爱岗敬业面面观

(1) 不求上进

在现实生活中,总有一部分人缺乏对职业的使命感,把自己当作局外人。他们在工作中缺乏激情,没有快乐,总是被动地应付,甚至投机取巧,逃避责任,以致在工作中心怀不满、患得患失。

（2）拈轻怕重

一些高职生在日常生活中养成了散漫的习惯,到企业工作后仍然不改习性,在工作中表现为偷奸耍滑、拈轻怕重。

张力是某高职学校数控专业的学生,毕业后到某汽车公司工作。由于在校期间放松对自己的要求,他自由散漫、怕吃苦。刚进公司两天就坚持不住了,要求经理给他调换工作岗位。由于公司人手比较紧张,经理没有同意。一个星期后,他嫌这份工作太累,竟不辞而别了。

张力拈轻怕重、怕吃苦的工作表现,是造成他不辞而别的根本原因,能够吃苦不仅是一个人生存的需要,而且是一个人事业发展的基础。能吃苦的人才能成功,像张力这样的高职生在企业中是很难立足的。我们只有能够经受住"吃苦耐劳"这一考验,才能在激烈的竞争中永立潮头。

（3）敷衍塞责

敷衍塞责的人往往在工作上应付差事,以把事情做得"差不多"作为自己的最高准则。他们能拖就拖,马马虎虎,粗心大意,无法在规定的时间完成任务。

责任心是做好工作的前提,是爱岗敬业的基本要素。责任不仅仅是一种理念、一种口号,更是一种行动。

（4）斤斤计较

初出校门的高职生,只有在从业中多干多学,才能增加阅历,增长才干,尽快地适应社会,缩短胜任岗位的时间。但在现实生活中,却有那么一些人在现实生活中斤斤计较,牢骚满腹。

由于高职教育培养的人才定位是面向生产、建设、管理、服务一线,做的工作往往具体而琐碎,容易让人产生厌烦和抱怨的情绪。其实万丈高楼平地起,看似不起眼的工作,做起来都是一种积累。只要努力工作,一步一个脚印,在一次次超越过程中不断领悟一些道理,增加一些能力和技能,我们就会感受到自身的成长,感受到工作的乐趣。忙忙碌碌多干一些,这些都是将来事业成功的基石。

3. 爱岗——做好工作的前提

对工作保持足够的耐心,尽心尽力做工作,把工作做到位,把工作当作事业。

4. 敬业——使工作充满生机

付出百分百的努力,勤奋工作,将尽职尽责当作一种习惯,干一行精一行。

5.2.2 诚实守信

图 5-1 诚信

1. 诚信的内涵

首先,诚信是一种规范;其次,诚信是一种制度;再次,诚信是一种品格。

2. 诚信缺失面面观

(1) 助学贷款 处境尴尬

个别大学生在返还贷款时拖欠、过度渲染困难,以及恶意不还贷款等现象在高校中屡见不鲜。

(2) 毕业求职 背信违约

大学生在求职过程中诚信缺失的一种表现是违约。一些学生在面试时信誓旦旦,而一拿到录用书却左挑右拣。签约不久又毁约,或签约之后不去报到,这种现象并不少见。

(3) 网络道德 虚拟欺骗

在虚拟的网络社会里,有些人肆意放纵自己,或在思想上大肆宣扬西方意识形态,传播色情、迷信、暴力等迷信庸俗内容;或在行为上发表反动言论,恶意攻击、谩骂他人,甚至发展畸形的网恋;或在经济利益上实施网络诈骗,偷窃他人网络财富等等。

据资料显示,有48.7%的男生光顾过黄色网站,有14.3%的女生接触过黄色信息,有66.1%的学生不认为诚实守信是网上最应具备的基本道德品质。可见,网络道德的缺失,最终将导致这些学生道德认识模糊、道德情感淡漠、道德意志薄弱、道德行为丧失。网络资源的丰富与快捷,使得一些学生放弃了刻苦钻研,滋长了弄虚作假和急功近利心理,养成浮躁的学风。有的为了投机取巧,公然在网络上寻人替考或是替人代考,败坏了学风。有的不惜违背学术道德,利用网络下载他人的研究成果,践踏了学术尊严,加剧了学术腐败,导致学生品德素养和学术水平急剧下降。此外,网络聊天室、BBS中不健康甚至反动的言论屡见不鲜。这些问题是新时期校园安全的一大隐患。

(4) 见利忘义 害人害己

大学是知识的神圣殿堂。大学生是受过十几年教育且正在接受高等教育的人。在高校,盗窃、诈骗等案件是不应该发生的。然而,这种现象却时有发生。

无论在爱情、生活、工作还是学习中的任何一个方面,缺乏诚信就会丧失人格魅力。见利忘义,害人害己,为社会和他人所不齿。特别是在大力推行和谐社会的今天,我们更应该以"诚实守信"为做人准则,绝不能因小利而失大义。

3. 坚持诚实守信的意义

(1) 人无信不立。(2) 业无信不兴。(3) 国无信不宁。

4. 铸诚信品质 做文明职业人

(1) 以诚实守信为荣

以"真才实学"为荣,以"以诚相待"为荣,以"诚实守信"为荣。

(2) 知行统一 从我做起

做老实人,说老实话,办老实事。

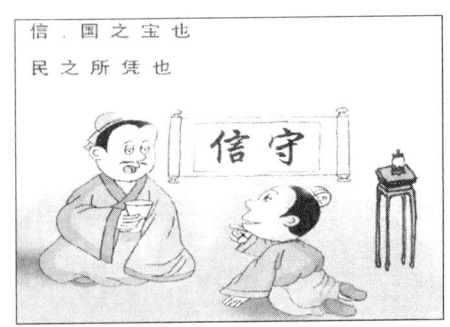

图 5-2 诚信的意义

5.2.3 团队精神

1．团队精神的含义

团队是由一群有着共同的愿景，有着互补技能，并愿意承担责任的一起行动的人组成的群体。

与群体相比，团队更强调共同的责任、效益和业绩。它强调个人利益服从整体利益，但并非不承认个人利益，更不是要抹煞个人利益；它特别强调团队成员要具有与人沟通、交流和合作的能力。

团队精神就是在企业里有这样一种氛围：能够不断地释放团队成员潜在的才能和技巧；能够让员工深感被尊重和被重视；鼓励坦诚交流，避免恶性竞争；用岗位找到最佳的协作方式；为了一个统一的目标，大家自觉地认同必须担负的责任并且愿意为此而共同奉献。

2．团队精神的作用

营造人才成长的氛围；培养团队成员之间的亲和力；提高员工整体素质；提高组织整体效能，增强竞争力；推动团队有效地运作和发展。

3．团队精神缺失面面观

（1）有团队不等于有团队精神

我们习惯地认为，人多力量大。人多真的力量大吗？从古至今，以少胜多的例子数不胜数。

我们进入高职学校，生活在一个班集体里，是不是就形成了一个学习团队？德国科学家瑞格尔曼做过一个拉绳试验：组织者将参与测试者分成四组，每组分别为1人、2人、3人和8人。瑞格尔曼要求各组用尽全力拉绳，同时用灵敏的测力器测量拉力。测量的结果为：2人组的拉力为个人单独拉绳时2人拉力总和的95%；3人组的拉力只及单独拉绳时3人拉力总和的85%；而8人组的拉力则降至单独拉绳时8人拉力总和的49%。如果我们的班级没有形成共同的奋斗目标，没有集体荣誉感，没有凝聚力，那么在各项活动中必然没有竞争力。

组成一个群体并不等于整个群体必然产生1+1>2的行为结果。要想产生整体大于部分之和的效果，必须发挥团队精神的力量。团队精神是集体凝聚力和竞争力不断增强的精髓。只有消除影响团队绩效的负面因素，才能增强团队的凝聚力。

（2）生活中我行我素

少数学生在学习生活中我行我素，不出早操、不参加活动、不听课、对班集体的事漠不关心。要想建设好班级，每个同学必须做到各司其职，各尽所能，严格遵守团队纪律，紧紧围绕班级的发展目标不懈地努力。这正如齿轮运动的规律一样，如果有一个齿轮脱落或不能围绕中心点作运转，齿轮就会停摆，机器就会停止运转，任务就无法完成。

（3）实习中单打独斗

今天的竞争是集体的竞争，个人的价值只有在集体中才能得到体现。成功的潜在危机是忽视与人合作或不会与人合作。无论在团队中充当什么角色，你的每一项工作与他人的工作都有一个接口。这就意味着你的工作需要得到他人的帮助。要想得到别人的帮助，必须先要帮助别人。现代企业要求员工必须具备齐心协作、善于思考、长于沟通等素质，也就是团队素质。

(4) 工作中离经叛道

游离于团队之外,凌驾于队员之上,不能同舟共济。

上述一些现象与团队精神是极不协调的。出现其中任何一种,对于团队精神建设都是有害的。到企业实习,要积极融入企业,体验企业文化,感受企业团队的行为规则要求。

4. 如何培养团队精神

(1) 善于看到他人之长

美国著名心理学家荣格有个这样的公式:I+We=fully I。这个公式的意思就是:一个人只有把自己融入集体中,才能最大程度地实现个人价值,完善自己的人生。任何成就的取得都是与他人合作的结果,不管你处于一个什么样的团队,都是如此。

(2) 要看清自己的位置

一个好的团队就像一部设计精密的机器,每个成员都有自己独特的定位。只有每个成员都清楚自己的位置,明确自己的任务,团队机器才能正常运转。因此,加入一个团队之后,应该做的第一件事不是翻阅文件、承接任务,而是寻找自己的定位,找准自己的位置。

(3) 对于团队使命的认同

团队精神是一种心灵的力量,它来自于团队成员对于团队使命的认同。不管任何事情,人们只有认同其使命,才会产生奋斗的激情,才会有工作的动力。因此,具有团队精神的前提就是对团队使命的认同。如果无法认同团队使命,不管有怎样丰厚的薪水激励或有怎样严厉的惩罚,也不会激发真正的激情,无法创造出卓越的业绩。

(4) 具有强烈的归属感

强烈的归属感可以改变一个企业并造就有才华的员工。热爱是激发内心深处的认同感与归属感的前提,热爱组织是团队精神的基础。

5.2.4 积极主动

1. 主动的含义

所谓主动,指的是随时准备把握机会,展现超乎要求的工作表现,以及拥有"为了完成任务,必要时不惜打破陈规"的智慧和判断力。

2. 主动工作的好处

(1) 能打造自己的品牌

(2) 能获得工作的力量

3. 不积极主动的表现

你是不是下了班就赶着去看电影、赶着和女朋友见面、赶着参加这样那样的聚会……一旦因为工作加班加点没有实现这些愿望,你就觉得自己像白活了一样,觉得自己这份工作干得真委屈。

你是不是认为那些忙里忙外的人最讨厌,认为他们爱揽活、他们是在炫耀自己,当他们面临困难时,你可能还会觉得很高兴。

你是不是在工作的时候还不拒绝和好朋友发短信、聊QQ,不管工作多忙都可以和同事谈谈家里的琐事、电视的情节,反正边干着边说着,不闲着就可以了。

你是否愿意接受临时的指派,当公司真是忙得不可开交时,你想着自己能多做点什么吗……

◆如果你不愿加班加点,如果你很讨厌那些忙里忙外的人,如果你在工作的时候还喜欢聊天、说说闲话,如果你不愿意接受临时的指派,那么你可能会失败。

4. 养成积极主动的工作习惯

(1) 主动面对工作压力

◆职业压力的指标

所谓职业压力的指标,主要是指你所从事的职业在你的日常工作和生活中给你带来的艰苦劳累和危险(有时甚至能威胁到你的生命或造成死亡)的程度大小。

按照职业压力由大到小排序,排名第一的是矿工,第二是警察,第三是飞机驾驶员;接下来是牙医、演员、医生;企业经理人和推销员压力中等;往后是司机、军人、公务员、会计师、银行从业人员;排在最后的是图书管理员。在工商界做事的经理、企划人员,甚至推销员都排在这个社会的压力中间地带。

◆面对压力临危不惧

◆做事坚持到底

◆在实践中提高

(2) 主动思考自己的工作

◆自觉自愿,克服被动工作的习惯

第一,每天从事一件明确的工作,而且不必等老板指示就能主动去完成;第二,积极寻找,每天至少找出一件与自己无关的事,把它做好;第三,每天坚持这一做法,直到把它变成一种习惯。坚持这样去做,就能养成积极主动的习惯。

◆在思考中工作

在工作中,应该认真地思考遇到的每一个问题,有意识地想想自己的决策是否正确,自己的计划是否有纰漏,还有哪些需要修改。

(3) 主动承担责任

责任心体现在三个阶段:一是做事情之前,二是做事情的过程中,三是事情做完后出现问题时。第一阶段,做事之前要想到后果。第二阶段,做事过程中尽量控制事情向好的方向发展,防止坏的结果出现。第三阶段,出了问题敢于承担责任。勇于承担责任和积极承担责任不仅体现一个人的勇气,而且也标志着一个人的内心是否自信,是否光明磊落,是否恐惧未来。主动承担责任要做到三个方面:第一,要勇于承认错误;第二,诚恳地接受批评;第三,不要贬低别人提高自己。

(4) 主动参与变革

把变革和变化视为生活和工作的一部分;开放、不分彼此地接纳新建议并寻求有效的办法实现建议;进行创新思维,挑战现状,追求卓越;认同公司所描绘的共同愿景;积极参加团队学习。

(5) 主动进行个人修炼

坚忍;积极;自律;学习。

5.2.5 高效执行

图 5-3 执行力

1. 什么是执行力

执行力不是简单的战术,而是一套通过提出问题、分析问题、采取行动解决问题来实现目标的系统流程。研究发现,卓越的公司——尤其是"世界最受推崇的企业"——他们的战略规划并不一定是最好的,但他们却表现出卓越的执行力。

有这样一个故事,一个农夫一早起来,告诉妻子说要去耕田,当他走到自家田地时,却发现耕耘机没油了;原本打算立刻去加油的,突然想到家里还有三四只猪没有喂,于是转回家去;经过仓库时,望见旁边有几个马铃薯,他想起马铃薯可能会发芽,于是又走到马铃薯边上;途中经过木材堆,又记起家中需要一些柴火,正当要去取柴的时候,又看见了一只生病的鸡躺在地上……这样来来回回跑了几趟,这个农夫从早上一直到夕阳西下,油也没加,猪也没喂,田也没耕。最后什么事也没做好。

相信在现实的生活里,很多人与故事中的农夫一样没有定性,常常很难把一件事情完成,这个致命的伤就是缺乏"执行力",如果你不能对种种需要解决的问题事先统筹安排,不能确立明确的目标和实现目标的先后顺序,即没有良好的流程设计,只顾手忙脚乱地头痛医头、脚痛医脚,就很难成就一番事业。显然,农夫是缺乏执行力的,他必然没有竞争力;同时作为执行者,他没有定力,没有坚定不移的决心,而是三心二意,最终一事无成。

2. 执行力不强的三大表现

(1)尺度:在执行学习、生活计划的过程中,标准逐渐降低,甚至完全走样,越到后面离原定的标准越远。

(2)速度:在执行的学习、生活计划过程中,经常延误,有些事情甚至不了了之,严重影响了计划执行的速度。

（3）力度：学习、生活方面制订的一些措施在执行过程中，力度越来越小，许多事情做得虎头蛇尾，没有成效。

3．执行力错误面面观

（1）过分追求完美。（2）只追捧身边的"明星"。（3）到处都是学习的重点。（4）忽视细节。（5）急功近利。（6）不放弃任何机会。（7）盲目迷信创新。（8）定位错误。

4．怎样全面提升执行力

（1）执行时应摒弃的思想

执行的事务不能给自己带来足够的回报；执行中的业绩得不到应有的肯定；执行中没有自己的需要。

（2）提高执行力需要具备的素质

目标明确；创新意识；苦干、实干、加巧干；行动的勇气和速度；不要自己否定自己，不要自己吓倒自己；坚强的意志——耶稣在星期五被钉死在十字架上，那是全世界最绝望的一天，可三天后，就是复活节。所以，要有坚强的意志，在困境中学会：至少再等三天。

（3）提升个人执行力的方法——5W3H

What——学习任务。学习内容与工作量；学习要求与目标。

Why——做事的目的。这件事是否有必要去做，或做这件事的目的是什么。

Who——组织分工。这件事由谁去做，他们分别承担什么工作任务。

Where——工作切入点。从哪里开始入手，按什么路径（程序步骤）开展下去，到哪里终止。

When——工作进程。工作程序对应的工作日程与安排（包括所用时间预算）。

How——方法工具。完成工作所需用到的工具及关键环节的策划布置（工作方案的核心）。

How much——完成工作需要哪些资源与条件，分别需要多少。如，人、财、物、时间、信息、技术等资源，及权力、政策、机制等条件的配合。

How do you feel——工作结果预测，及对别人的影响与别人的评价和感受。

（4）提高执行力的经典话语

做个主动的人；不要等到万事俱备以后才去做，永远没有绝对完美的事；创意本身不能带来成功，只有付诸实施时创意才有价值；用行动来克服恐惧，同时增强你的自信；自己推动你的精神，不要坐等精神来推动你去做事；时时想到"明天"、"下礼拜"、"将来"之类的句子跟"永远不可能做到"意义相同，要变成"我现在就去做"那种人；立刻开始工作；态度要主动积极，做一个改革者。

计 划 单

学习领域	《职业观与职业道德》——走进职场		
学习情境 5	"服从力、执行力"职业操守现场演示	学时	6
计划方式	个人或小组计划	学时	1
计划步骤	序号	工作步骤	使用工具
制订计划说明			
计划评价	班级		第 组	组长签字	
	教师签字		日期	
	评语:			

实 施 单

学习领域	《职业观与职业道德》——走进职场		
学习情境 5	"服从力、执行力"职业操守现场演示	学时	6
实施方式	演示法	学时	2

序号	工作步骤	使用资源

实施说明	

班级		第 组		组长签字	
教师签字				日期	

测 试 单

学习领域	《职业观与职业道德》——走进职场		
学习情境 5	"服从力、执行力"职业操守现场演示	学时	

测 试 内 容

所谓执行力,简单地说,就是保质保量完成自己的工作和任务的能力。企业管理专家指出,一家企业的成功,30%靠的是战略,30%靠的是运气,另外40%靠的是执行力。可见,执行力是何等重要,下面这套测试将帮助你对自己的执行力进行一次全面的测试。

1. 时间只有3分钟,请先读完全部的题目再做。
2. 在这张纸的右上角写上你的大名。
3. 将第二条中的"大名"两个字圈一下。
4. 在这张纸的左上角画5个正方形。
5. 在刚才画的正方形中各画一个十字。
6. 正方形的四周画一个圆圈。
7. 在这张纸的右下角签上你的名字。
8. 在签名下写3个"好"字并大声说出来。
9. 在右下角写下的名字下,画一道直线。
10. 请在这张纸的左下角画一个十字。
11. 在刚才画的十字周围加上一个三角形。
12. 在这张纸片的背后,算一下50乘30的答数。
13. 在第八句中要求写的"好"字上画一个圆圈。
14. 当你做到这里的时候,大喊三声:我最快。
15. 如果你认为自己已遵从指示,请大声说:我最好。
16. 在这张纸的背后算一下23加32的和。
17. 从刚才的答案中减去11等于多少。
18. 请把你所得的答案和旁边的人比较一下。
19. 请你用你的笔尖将左上角的5个正方形,戳5个小洞。
20. 假如你是第一个做到这里,赶快说:我是最棒的。
21. 现在你已经仔细读完,请只做第一题的工作。

分析,本测试需要认真阅读题干。如果你是依照顺序答完全部题目,则说明你的执行力需要提高。

评 价 单

学习领域	《职业观与职业道德》——走进职场				
学习情境5	"服从力、执行力"职业操守现场演示			学时	0.25
评价类别	项目	子项目	个人评价	组内互评	教师评价
专业能力（60%）	资讯（10%）	搜集信息（5%）			
		引导问题回答（5%）			
	计划（5%）	计划可执行度（5%）			
	实施（5%）	工作步骤执行（5%）			
	检查（10%）	全面性、准确性（5%）			
		思想性（3%）			
		现场应变能力（2%）			
	过程（10%）	语言表达规范性（5%）			
		问题分析逻辑性（5%）			
	结果（10%）	结果质量（10%）			
	作业（10%）	完成质量（10%）			
社会能力（20%）	团结协作（10%）	参与度与合作精神（5%）			
		对小组的贡献（5%）			
	敬业精神（10%）	态度认真（5%）			
		遵守纪律（5%）			
方法能力（20%）	计划能力（10%）				
	决策能力（10%）				
评价评语	班级		姓名		学号		总评	
	教师签字		第　组		组长签字		日期	
	评语:							

教学反馈单

学习领域	《职业观与职业道德》——走进职场				
学习情境5	"服从力、执行力"职业操守现场演示			学时	0.25
调查项目	序号	调查内容	是	否	理由陈述
	1	是否明确职业道德基本规范？			
	2	是否了解如何爱岗敬业？			
	3	是否能做到诚信？			
	4	是否有不诚信的表现？			
	5	在现实利益诱惑面前是否能坚守诚信？			
	6	你有执行力吗？			
	7	如果老板交给你一个难题，你会努力克服吗？			
	8	服从力是否需要强制训练？			
	9	你有团队合作意识吗？			
	10	如果个人与团队利益冲突，你会维护团队利益吗？			
收获、感悟与体会：					
你的意见对改进教学非常重要，请写出你的建议和意见。					
调查信息	被调查人签名			调查时间	

学习情境 6：

"和谐的追求"职业交往角色表演

任 务 单

学习领域	《职业观与职业道德》——走进职场		
学习情境6	"和谐的追求"职业交往角色表演	学时	6
布 置 任 务			

学习目标	1. 了解新时期师徒关系的变化及特点。 2. 掌握人际交往的基本原则和交往技巧。 3. 了解如何运用情感艺术进行上下级交往。 4. 树立正确的交往价值观,提高人际交往能力。 5. 提高情感投资的艺术与技巧,提高做人艺术,形成和谐的人际关系。			
任务描述	1. 讲解职业交往的基础知识与技巧。 2. 把学生按5人左右为单位划分成几个小组。 3. 布置角色表演任务,明确表演主题,安排各小组发挥个人特点及专长,自编、自导、自演一个10分钟左右的短剧。目的是通过角色体验来深化人际交往艺术,从而达到学生自我教育的目的。 4. 各小组自行安排时间进行排练。 5. 课堂上各组进行角色表演,要求服装道具准备到位,角色鲜明,表演色彩浓厚。 6. 考查剧本,主要看剧本主题是否鲜明,立意是否新颖,是否具有思想性和启发意义。 7. 考查表演准备是否充分,服装道具是否到位,表演是否熟练与流畅。 8. 考查表演是否具有艺术性,是否有高潮,是否能达到教育目的。 9. 根据情境演示综合效果,为各剧组打分。			
学时安排	资讯2.5学时	计划1学时	实施2学时	评价0.25学时	反馈0.25学时
提供资料	1. 资讯问题。 2. 信息单。 3. 案例单。 4. 辅助教参。			
对学生的要求	1. 预习信息单,了解本情境内容。 2. 选取表演主题,编写脚本。 3. 确定演员,进行彩排。 4. 准备服装道具等。 5. 表演熟练。			

资 讯 单

学习领域	《职业观与职业道德》——走进职场		
学习情境 6	"和谐的追求"职业交往角色表演	学时	6
资讯方式	搜集信息资料,在个人观点基础上形成小组观点	学时	2.5
资讯问题	1. 职业交往的功能及原则。 2. 职业交往的艺术。 3. 如何建立良好的职场人际关系?		
资讯引导	1. 谢元锡.大学生职业素质修养与就业指导.北京:清华大学出版社,2007 2. 张国宏.职业素质教程.北京:经济管理出版社,2006 3. 张强.大学生择业与就业指导教程.北京:世界知识出版社,2006 4. 陶学忠.职业训练.北京:中国经济出版社,2005 5. 颜咏.大学生职业道德.北京:北京理工大学出版社,2007 6. 报刊相关资讯 7. 网络相关资讯		

案 例 单

学习领域	《职业观与职业道德》——走进职场		
学习情境6	"和谐的追求"职业交往角色表演	学时	6
序号	案 例 内 容	案 例 分 析	
6.1	**派系斗争,该站哪边** 　　小李很幸运,早早找到了一份待遇不错的工作。那是一家规模不大的股份制公司,他很快就适应了工作环境,老总和副总都在有意无意间对他表示了栽培之意。可时间不长,有老员工悄悄给他递话:"你没看出来啊?老总和副总不合,站哪边,你看着办吧!"刚从学校出来,遇到这种事,小李真不知该怎么办。一番思考后,小李决定严守中立,"只要干好本职工作,谁能挑我的刺?" 　　公司小,老总和副总都喜欢越级交代工作。虽然任务压得人喘不过气来,但小李宁可自己加班加点,也要做到两边不得罪。几个星期下来,他累得够呛,但两位领导似乎并不领情。他们开始变得热衷于教训小李,常常是他前脚迈出总经理室,就被隔壁的副总经理叫去,换个角度、换套说辞再骂一遍。小李不知道自己到底做错了什么。部门经理悄悄告诉他:"两边都帮,可就等于谁都不帮啊!"听了部门经理的话,小李晕了,他到底应该怎么办?	新人要坚持三"不"原则——不介意、不参与、对事不对人。 　　一般来讲,对待领导,下属要服从,而非盲从;要忠诚,而非愚忠。新人有问题,不必憋在肚子里,最好问问自己的直属上司。 　　如果公司内的派系斗争确实令人身心疲惫、不开心,那就不要留恋"不错的待遇",早点另谋高就吧,此处不宜久留。	
6.2	**与"难缠"的上司对对碰** 　　职场中,遭遇"难缠"上司是常有的事情。这时,你是忍气吞声?直言顶撞?还是一走了之?这都不是解决问题之道。同在一个公司,又是自己的顶头上司,搞好关系至关重要。这不仅影响到职位的升迁、薪水的增加,还关系到跟其他同事的相处:谁会喜欢跟领导眼中的"刺头"同事交往呢? 　　杜小雅在学校学的是新闻专业,接触社会虽然只有两年多,但却遇到了形形色色的上司。分析一下她的经历,也许会对初入职场的你有所帮助。 **遭遇女性上司——攻心为上** 　　大四最后一个学期,杜小雅到一家报社实习。第一天来这家单位报到时,她挺高兴:同事们都年轻,肯定好相处!她的直接上司是位年近三十的女士,斯文、不苟言笑,但还算和蔼。	遇到这样的上司,要格外留意自己的言行。第一,在她面前和男同事的交往要分外注意,不要在	

序号	案例内容	案例分析
6.2	杜小雅每天高高兴兴地上班,休息之余,和公司的年轻男女们说说笑笑,大谈化妆、穿衣之道。由于报社对着装没有要求,她每天的装束也紧跟时尚潮流。可随着时间的增加,她慢慢感觉到:女上司对她有敌意。 上午,杜小雅正在工作的时候,女上司冷冷地扔给她一句:"到邮局把这封挂号信寄走!"对坐在杜小雅旁边聚精会神打游戏的小丽视而不见。 杜小雅很苦闷。她自问:上司交代的工作,她完成得一丝不苟;对领导也是恭敬有礼,为什么她还对自己不满? 杜小雅对上司更有礼貌了,可上司对杜小雅的态度并没有好转。 于是,实习期一满,杜小雅就走了。 杜小雅忽略了一个普通人都会有的心理:"同性相斥"。公司里突然来了个年轻、漂亮的下属,领导也是女人,心里难免有敌意,自然会酸溜溜的不是滋味,难怪会有意无意地给杜小雅"小鞋"穿!如果在刚进公司时不注意收敛,那么你将得不到女上司的好感,为工作增添不必要的麻烦。 **遭遇雷霆经理——选好时机** 从那家实习单位走后,杜小雅正式毕业了。她应聘到一家公司做市场营销部文秘。两个月以后,业务渐渐熟悉,可让她郁闷的是,顶头上司卢经理的脾气就像六月的天,说变就变,杜小雅只能有苦自己咽。 这天,卢经理又把一份季度总结报告扔到了杜小雅的面前。他把杜小雅叫到办公室,脸色铁青,咆哮着:"这份总结报告怎么写的?我们的宣传费用有这么多吗?"杜小雅解释道:"财务部有一部分费用说算在我们部门之中……"话还没说完,卢经理脸色铁青:"那还是我弄错了?"杜小雅不敢再说,唯唯诺诺走出办公室。 杜小雅想,自己刚来没多久,可能有些事情没做好吧!她没有把这件事放在心上。过了不久,上级领导来视察工作,卢经理派杜小雅整理会议室、订酒店、准备资料,杜小雅忙得团团转。当天下午,会议进行到一半,投影仪突然出故障,大屏幕上一片空白,杜小雅赶快叫电脑部的人过来检修。虽然不是自己的责任,可杜小雅感觉到有必要向卢经理解释一番,她	办公区域内嘻嘻哈哈,公事公办,这样她自然不会误会你抢她的风头了。第二,在女上司面前,不是显露你时尚品味的地方,要谦虚、内敛。如果你显得比她在行,比她会穿衣打扮,那你赢得上司好感的机会就大大减少,更无从谈起跟上司搞好关系了! 作为负责公司产品市场的部门主管,面临着销售业绩的压力和商场的起伏不定,领导的心情也可以随之变化。在心情不好的时候,看问题得出的结论也许就不一样了。硬要在"非常时期"虎口拔牙,其结果只能是像杜小雅一样,遭受到毫不留情的批评! 这样的上司其实不难相处,因为他们的喜怒哀乐都写在脸上。选准时机,不要在他心情不好的时候

序号	案例内容	案例分析
6.2	走向正焦急地站在会议室门口的卢经理："卢经理,今天……"卢经理不耐烦地挥挥手,示意杜小雅不要再说下去,杜小雅只好尴尬地走开了。 　　杜小雅对卢经理很不满:辛辛苦苦地工作,却换不来领导的认同,更何况犯错的不是自己,更没有必要看你的脸色,大不了不干了! 　　于是,还没到三个月,杜小雅辞职了。 **遭遇挑剌领导——从不居功** 　　从上家公司辞职后不久,杜小雅又找了一家新公司,做宣传工作。进去没多久,杜小雅就因为策划、编辑了公司第一期内部刊物而备受老总重视,经常在例会上对她这个刚进入单位没多久的新人进行表扬。杜小雅受到鼓励,踌躇满志,拟定了一系列的宣传方案,准备再接再厉。 　　杜小雅干劲十足,对在这个岗位上大展所长充满信心。可是时间一长,她发现自己总是遇到一些工作之外的困扰。她所在部门的刘经理似乎总有意跟她过不去,今天说:"你昨天下午怎么迟到了,以后注意!"明天说:"水没有了,你怎么还不叫?" 　　今天,刘经理又对杜小雅发话了:"上班时间注意点纪律,不要影响其他同事工作。"杜小雅觉得冤枉:她在接待外单位来人,不说说笑笑行吗?对于刘经理的"鸡蛋里挑骨头",杜小雅想,自己只要问心无愧,干好自己的本职工作就行了。 　　由于杜小雅的工作是副总负责的,因此很多工作上的事情她直接找副总,不通过刘经理。她认为,如果再向刘经理汇报,不仅没有作用,还浪费时间,降低办事效率。 　　杜小雅兢兢业业地工作,谁知道三个月试用期一到,就在她信心满满地等待转正通知时,却等来了人事部委婉的辞呈:试用期不合格,请另谋高就。杜小雅意外地被这家公司解雇了。 **遭遇年轻领导——尊重对方** 　　杜小雅在一家公关公司上班了,仍然做宣传工作。她所在部门的冯总监不到三十岁,平易近人,跟员工打成一片。 　　一天午饭时,大家在公司吃午餐,冯总监说:"我要少吃	去请示工作,更不要试图在不适当的时机去解释,那样的结果肯定是碰一鼻子灰,事后再道歉、解释也能达到预期的效果。有时候,揣摩领导的心思也是一门艺术! 　　这样的上司,在单位的时间长,年纪不小,职位不高,可能还有千丝万缕的人脉关系,最怕的是初生牛犊的职场新人们后来居上越过自己,影响到自己的前途。 　　杜小雅所犯的错误就是"功高震主",事事以自己为核心,这样的下属当然会引起上司的猜忌。要想和这种上司在办公室和睦相处,只需打消他们的顾虑,不要引起上司对自己的"嫉妒"之心即可!工作中的每一个想法及时与上司沟通,千万不要越级上报;每次取得的成果得到大家的赞同时,一定要将上司的精心指导挂在嘴边……只要你这样做了,相信上司很难再对你板起脸了!

序号	案 例 内 容	案 例 分 析
6.2	点,减肥!"杜小雅笑着接着:"你少吃点也减不了了,基础打得牢嘛!"大家都笑了,冯总监却笑得不大自然。杜小雅有所察觉,赶紧又自我调侃了一番。冯总监神色恢复如常。 　　吸取了前几家公司失败的教训,杜小雅在努力工作的同时,小心处理跟冯总监的关系,注意玩笑不要过火,避免引起上司的尴尬。在杜小雅的细心经营下,他们之间的关系越来越融洽了。 　　不久以后,由冯总监向总经理提出,杜小雅提前转正了! 　　杜小雅想:与上司相处是一门学问,只要学会正确面对,就能跟上司和平相处。如果自己能够早领会到这点,不一味地怨天尤人,而是追究自己的原因,也许就不会走那么多弯路了!	有些年轻上司平易近人,很好相处。但是这并不代表可以把这样的上司当作朋友,毫无顾忌地开玩笑。记住,任何时候都要注意你们的上下级关系!杜小雅在和上司相处的时候,及时发现问题,"悬崖勒马",挽回了和上司的关系,自然能和上司和平共处了! 　　年轻而平易近人的上司应该是最好相处的一类领导了。面对年轻上司,要记住尊重对方,时刻想到他是自己的领导。不能因为对方年轻就随意开玩笑。只要做到这点,跟年轻上司的相处应该不是问题了!

信 息 单

学习领域	《职业观与职业道德》——走进职场		
学习情境6	"和谐的追求"职业交往角色表演	学时	6
职业智慧感言:			
一个人事业的成功＝15%的专业技能和经验＋85%的人际关系和处世技巧。 　　　　　　　　　　　　　　　　　　　　　　　　　　　——卡耐基 　　成功的第一要素是懂得如何搞好人际关系。 　　　　　　　　　　　　　　　　　　　　　　　　　　　——富兰克林			
6.1　职业交往概述			
6.1.1　什么是职业交往 　　职业交往是指在职业领域人与人之间借助于语言、动作、表情、传媒工具等进行的物质、精神、情感及信息等方面的交流或互动。职业交往其实就是我们平常所说的"做人"。"做人"的理想境界应是自信而不自负,积极而不轻浮,平凡而不平庸,成熟而不世故,善良而不软弱,有独立主见而不固执已见,勇于创新而不哗众取宠,懂得收放自如,进退适宜等。 　　6.1.2　职业交往的功能 　　信息沟通功能,社会化功能,身心保健功能,事业成功的助推器。  　　　　　　　　　　　　图6-1　职业交往 　　6.1.3　职业交往的原则 　　尊重的原则,诚信的原则,互惠的原则,宽容的原则。 　　这就需要我们有宽容之心:一是能"容言",即能倾听、容纳各种不同意见;二是能"容过",即不苛求于人,允许别人犯错误和改正错误;三是能"容才",即不嫉贤妒能。			

6.2 职业交往的艺术与技巧

6.2.1 树立良好的第一印象

1. 第一印象的作用

前摄作用,也就是人们常说的"先入为主";光环作用,亦称晕轮效应;定势作用,也叫定势效应。

2. 如何树立良好的第一印象

衣着整洁,讲究仪表;举止得体,虚心求教;遵守纪律,保持信誉;严守秘密,待人真诚。

卡耐基在其著作《怎样赢得朋友,怎样影响别人》一书中总结出给人留下良好的第一印象的六种途径:

一是真诚地对别人感兴趣;二是微笑;三是多提别人的名字;四是做一个耐心的听者,鼓励别人谈他们自己;五是谈符合别人兴趣的话题;六是以真诚的方式让别人感到他很重要(如图 6-2 所示)。

图 6-2 沟通

6.2.2 增进职业交往的个性魅力

1. 阳光心态会使你更可爱并赢得他人的信任

(1) 有一颗永远热忱的心。

(2) 学会感恩。

感恩亲人、朋友、爱人,因为他们给予你亲情、温暖和爱;感恩帮助自己的人、关心自己的人、安慰自己的人,因为他们使你成长、成熟、成功;但不要忘记:感恩伤害你的人,因为他磨炼了你的意志;感恩欺骗你的人,因为他增进了你的见识;感恩鞭挞你的人,因为他消除了你的自责;感恩遗弃你的人,因为他教导了你要独立;感恩绊倒你的人,因为他强化了你的能力;感恩斥责你的人,因为他助长了你的智慧。

2. 做自己情绪的主人

(1) 要改变情绪,最快的方法就是改变身体状态。(2) 只要改变一种语气,就可以改变一种情绪。

3. 外表看起来像成功者

(1) 像经营品牌一样经营个人形象。(2) 为你的人生和事业而穿着。(3) 用身体语言展示自信和愉快。

6.2.3 决定你一生财富和命运的言谈艺术

1. 优雅得体的说话艺术

(1) 赞美和鼓励是赢得人心的法宝。(2) 幽默是人际交往的天使。(3) 说服他人要委婉含蓄。(4) 避免争论。

2. 善于倾听是对人的一种礼貌

(1) 鼓励对方先开口。(2) 使用并观察肢体语言。(3) 适时给予反馈。

6.3	与上司建立良好的工作关系

1. 与领导交往既要密切联系,又要保持一定的心理距离。

不要以为他是自己的顶头上司,就可以说起话来口无遮拦,自以为与领导是零距离接触,可以增加彼此的亲近感。这样其实效果并不好。实际上,与领导交往过于积极主动或消极被动都是不足取的。上下级关系实际上是一种工作性质的交往关系,上级对下级的态度,在很大程度上取决于这种交往的工作价值。如果上级认为下级的素质好、责任心强、有较强的工作能力,与下级的交往会给自己的领导工作以有效的支持和配合,就会接纳、欢迎、鼓励下级的积极交往。反之,如果上级认为下级的素质一般、能力平平,积极交往对于自己的领导工作无多大裨益,他就会对你表面上客客气气,实际上有意疏远你。在这种情况下,你就应该克制和削弱自己与领导交往的积极性,避免感情上的无效投资。一定要搞清楚自己在领导心目中的位置,了解自己对于领导所管辖工作的价值,调整好与领导交往的度,这样再与领导交往就不会引起领导的反感。而当你通过自己的勤奋和努力,提高了自己的工作能力,成为单位中不可缺少的骨干时,领导就会改变对你的态度。此时,你再加强与领导的交往,必然会收到理想的效果。即便如此,也绝不能与领导保持零距离接触。

2. 与领导交往要保持一定的认知差距。

我们常常犯的一个错误,就是把自己的想法强加给领导,以为领导的想法与自己一致,实际情况并不如此。由于领导所处的位置,他考虑问题的角度自然会与下级有所不同,领导更喜欢从全局的角度看问题,力求公正、客观。因此,你在与领导交往时一定不要自以为是,以为自己所想就是领导所想,这样做只能适得其反。

3. 与领导交往要保持一定的距离。

交往既不要过多,也不宜过少,应该把握在你们双方都感觉恰如其分的范围内。与上级交往频率过高,往往会产生这样的结果:一是干扰领导的工作;二是影响领导的休息;三是扭曲了自己人格形象,其结果是引起领导的反感。有事没事总往领导那儿跑,会使人觉得你有意讨好领导,有套近乎之嫌。当然,也不能与领导交往频率过低,因为沟通太少,信息不通畅,容易引起误解。

4. 要不断提高自己的素质,增加与领导的认同感,搭建与领导交流的平台。

领导在与下级交往时,总希望下级在考虑问题时站的角度高一些,特别是能够理解、领会领导的意图;同时也要通过交谈,获得一些新的信息或者纠正一些失误的判断。如果你具备这些素质,就可以增加你对领导的吸引力。这样领导与你交流时,才能感觉有价值,从而愿意增加交流。如果出现信息不对称,即"对牛弹琴"的现象,那么领导必然会失去与你交谈的兴趣。

5. 角色交往与非角色交往要适度。

角色交往是指下级以被领导的身份与上级进行交往。这种交往的特点是工作性质的,情感成分很少,原则性较强,而且有相应的规章制度加以制约。非角色交往是指下级以个人身份与上级交往,其特点是工作因素少、感情因素多,交往的密切程度取决于个人的好恶和价值标准,仅以道德规范加以约束。人们在不同的场合扮演不同的角色,人际交往其实就是角色交往。你在与领导交往中,应该既有工作角色也有朋友角色,但要把握好分寸,公事就要公办,私事才能私办,公私界限要分明,不能以感情代替原则。如果与领导的非角色关系过于密切,其原则性就会丧失,甚至发展到以感情代替原则的地步。这样做的结果,一旦出现了私心,不但损害了双方的工作形象,而且还降低了领导的威信,在群众中产生不良的影响。

6. 维护上级的举止要适度。

作为下级,维护领导的权威和尊严是必要的,这不仅是下级应尽的职责,还关系到上下级能否建立良好关系。作为领导,也的确需要一部分人作为骨干,围绕在自己的周围,贯彻自己的意图。俗话说:"一个篱笆三个桩,一个好汉三个帮。"更何况领导呢?但是特别要注意,这种维护方式应当含蓄和隐蔽一点,千万不要太显山露水、太露骨了。否则会让人感觉你是一个拍马屁的小人。当然,维护领导是有原则的,不能把对领导权威的维护当成对某个人权力的维护,甚至对领导的错误也极力掩盖。这种过分的行为必然会引起群众的不满,遭到群众的反对,还会给事业带来损失。

| 6.4 | 赢得同事好感的诀窍 |

6.4.1　团队精神很重要

6.4.2　尊重同事

6.4.3　热情有度

1. 空间也能"说话"。与人交往分为四种距离:一是私人距离,又叫"亲密距离",小于0.5米,仅适用于家人、恋人和至交;二是社交距离,又称"常规距离",介于0.5米至1.5米之间,适用于一般交际应酬;三是礼仪距离,又称"敬人距离",介于1.5米至3米之间,适用于会议、演讲、庆典、仪式以及接见;四是公共距离,又叫"有距离的距离",超过3米开外,适用于在公共场所同陌生人相处。办公室同事之间的距离,大概是1米左右。除非是你特别亲近的人,否则无论是说话还是其他交往,逾越了这个距离,都会让人产生不安的感觉。

2. 保持适当的心理距离。

6.4.4 帮助别人等于帮助自己

6.4.5 要学会与各种类型的同事打交道

1. 应对过于傲慢的同事。

其一,尽量减少与他相处的时间;其二,交谈言简意赅。

2. 应对过于死板的同事。

与这一类人打交道,你不必在意他的冷面孔,相反,应该热情洋溢,以你的热情来化解他的冷漠,并仔细观察他的言行举止,寻找出他感兴趣的问题和比较关心的事进行交流。

与这种人打交道你一定要有耐心,不要急于求成,只要你和他有了共同的话题,相信他的那种死板会荡然无存,而且会表现出少有的热情。这样一来,就可以建立比较和谐的关系了。

3. 应对好胜的同事。

有些同事狂妄自大,喜欢炫耀,总是不失时机自我表现,力求显示出高人一等的样子,在各个方面都好占上风。对于这种人,许多人虽是看不惯的,但为了不伤和气,总是时时处处地谦让着他。

可是在有些情况下,你的迁就忍让,他却会当做是一种软弱,反而更不尊重你,或者瞧不起你。对这种人,你要在适当时机挫其锐气,使他知道,山外有山,人外有人,不要不知道天高地厚。

4. 应对城府较深的同事。

这种人对事物不缺乏见解,但是不到万不得已,或者水到渠成的时候,他绝不轻易表达自己的意见。这种人在和别人交往时,总是把真面目隐藏起来,希望更多地了解对方,从而能在交往中处于主动,周旋在各种矛盾中而立于不败之地。

和这种人打交道,你一定要有所防范,不要让他完全掌握你的全部秘密和底细,更不要为他所利用,从而陷入他的圈套之中不能自拔。

5. 应对口蜜腹剑的同事。

口蜜腹剑的人,"明是一盆火,暗是一把刀"。碰到这样的同事,最好的应对方式是敬而远之,能避就避,能躲就躲。

如果在办公室里有这种人打算亲近你,你应该找一个理由想办法避开,尽量不要和他一起做事,实在分不开,不妨每天记下工作日记,为日后应对做好准备。

6. 应对急性子的同事。

遇上性情急躁的同事,你的头脑一定要保持冷静,对他的莽撞,你完全可以采用宽容的态度,一笑置之,尽量避免争吵。

7. 应对刻薄的同事。

刻薄的人在与人发生争执时好揭人短,且不留余地和情面。他们惯常冷言冷语,挖人隐私,常以取笑别人为乐,行为离谱,不讲道德,无理搅三分,有理不让人。他们会让得罪自己的人在众人面前丢尽面子,在同事中抬不起头。遇到这样的同事,尽量避免语言上的冲突;如果必须打交道,一定不要与其产生争执;如果你不愿意"忍气吞声",那么最好的办法便是发挥你的智慧。

计　划　单

学习领域	《职业观与职业道德》——走进职场		
学习情境6	"和谐的追求"职业交往角色表演	学时	6
计划方式	小组计划	学时	1

计划步骤	序号	工作步骤	使用资源

制订计划说明	

计划评价	班级		第　组	组长签字	
	教师签字			日期	
	评语：				

评 价 单

学习领域	《职业观与职业道德》——走进职场			
学习情境6	"和谐的追求"职业交往角色表演		学时	0.25
评价类别	项目	子项目	个人评价	组内互评	教师评价

评价类别	项目	子项目	个人评价	组内互评	教师评价
专业能力(60%)	资讯(10%)	搜集信息(5%)			
		引导问题回答(5%)			
	计划(5%)	计划可执行度(5%)			
	实施(5%)	工作步骤执行(5%)			
	检查(10%)	全面性、准确性(5%)			
		思想性(3%)			
		现场应变能力(2%)			
	过程(10%)	语言表达规范性(5%)			
		问题分析逻辑性(5%)			
	结果(10%)	结果质量(10%)			
	作业(10%)	完成质量(10%)			
社会能力(20%)	团结协作(10%)	参与度与合作精神(5%)			
		对小组的贡献(5%)			
	敬业精神(10%)	态度认真(5%)			
		遵守纪律(5%)			
方法能力(20%)	计划能力(10%)				
	决策能力(10%)				
评价评语	班级		姓名		学号		总评	
	教师签字		第 组		组长签字		日期	
	评语:							

教学反馈单

学习领域	《职业观与职业道德》——走进职场				
学习情境6	"和谐的追求"职业交往角色表演			学时	0.25
调查项目	序号	调查内容	是	否	理由陈述
	1	你的人际交往能力强吗？			
	2	你有人际交往障碍吗？			
	3	你认为职场人际关系重要吗？			
	4	你有过打工时遇到的人际交往困惑吗？			
	5	在本情境中你的感受深吗？			
	6	通过角色表演你有新收获吗？			
	7	你对未来职业交往有信心吗？			
	8	你知道自己职业交往的优势吗？			
	9	你清楚自己在职业交往方面的弱势吗？			
	10	你能克服职业交往障碍吗？			

收获、感悟与体会：

你的意见对改进教学非常重要，请写出你的建议和意见。

调查信息	被调查人签名		调查时间	

学习情境 7：

"让青春的花在职场绽放美丽" 职业形象展示

任 务 单

学习领域	《职业观与职业道德》——纵横职场		
学习情境7	"让青春的花在职场绽放美丽"职业形象展示	学时	4

布 置 任 务

学习目标	1. 认识自我,了解职业形象的重要性。 2. 形成科学的审美观,具备甄别真善美的能力,会设计自身的职业形象。 3. 认识到完美的职业形象并不仅仅在于外表完美,更重要的在内涵。 4. 树立自身的良好职业形象。				
任务描述	1. 讲解职业形象的诸要素。 2. 布置表演任务,每位同学按照自身特点进行自我职业形象设计(外部形象)。并准备1分钟左右的自我陈述,说明自己对自身职业形象的认识。 3. 课上进行表演及形象陈述。 4. 对表演进行评价。 5. 对陈述进行评价。 6. 综合以上两方面为每位同学打分。				
学时安排	资讯1学时	计划0.5学时	实施2学时	评价0.25学时	反馈0.25学时
提供资料	1. 教材信息单 2. 谢元锡.大学生职业素质修养与就业指导.北京:清华大学出版社,2007 3. 张国宏.职业素质教程.北京:经济管理出版社,2006 4. 张强.大学生择业与就业指导教程.北京:世界知识出版社,2006 5. 陶学忠.职业训练.北京:中国经济出版社,2005 6. 颜咏.大学生职业道德.北京:北京理工大学出版社,2007 7. 报刊相关资讯 8. 网络相关资讯				
对学生的要求	1. 深刻领会职业形象的内涵。 2. 准确认识自我形象。 3. 进行自我职业形象定位。 4. 设计自我职业形象(外在)时要符合自身条件,服装及化妆符合职业实际。 5. 进行自我职业形象展示。 6. 陈述对自我职业形象的认识或设计感受。 7. 每人必须设计并展示,不得放弃。				

资 讯 单

学习领域	《职业观与职业道德》——纵横职场		
学习情境7	"让青春的花在职场绽放美丽"职业形象展示	学时	4
资讯方式	个人或小组资讯	学时	1
资讯问题	1. 职业形象的内涵。 2. 职业形象的构成。 3. 如何树立良好的职业形象？		
资讯引导	1. 教材信息资讯 2. 案例单 3. 报刊相关资讯 4. 网络相关资讯		

案 例 单

学习领域	《职业观与职业道德》——纵横职场		
学习情境7	"让青春的花在职场绽放美丽"职业形象展示	学时	4
序号	案例内容	案例分析	

序号	案例内容	案例分析
7.1	**选择正确的着装参加面试** 孙玫到一家外企去应聘秘书。面试之前,她对自己进行了精心修饰:身着时下最流行的牛仔套裙,脚蹬一双白色羊皮短靴,手提橘色的挎包。为和这身打扮配套,孙玫还化了彩妆,并对自己的打扮相当满意。 来到公司,孙玫发现自己在众多应征者中显得那么与众不同,她甚至感到一点得意。正在这个时候,孙玫碰见了恰好来此处办事的好朋友王小姐。"你也来找人吗?"王小姐问道。"我是来应聘的。""应聘?你的这身打扮更像约人去喝下午茶。"快人快语的王小姐说道。"是吗?"孙玫疑惑起来,她扫描了一下四周,果然其他人都穿素色的职业套装。孙玫的心理一下子变得不稳定起来,开始时的自信也被动摇了。在后来的面试中,孙玫完全因为这次的着装乱了阵脚,结果也就不言而喻了。	衣着,在交往中体现的是一个人的职业、身份、地位以及修养等等。正确着装,既适合身份,又适合场景。 孙玫小姐的一身着装,是典型的休闲装,因而是不适合穿到应聘这种正式场合的。应聘时,需要向别人展示的是自己的自信、成熟和干练,因而应该穿着一套正装。
7.2	**初涉职场,有话好好说** 毕业后李明到了一家大型的咨询公司工作,这几乎让所有的同学都狠狠嫉妒了一把。能凭借自己的实力而不是关系,进这家薪水很高的公司,李明自然得意。 李明上班的第一天,便自信满满,丝毫不理会师哥师姐们告诫的"要在老同事面前谦虚谨慎戒骄戒躁"的话。 与李明坐对桌的是个40岁左右的女人,同事们都叫她刘姐。她总爱找李明的茬儿,说他的办公桌上摆的饰物和明星照片,容易影响工作等等。 李明听了想也没想便回道:"刘姐您这是不了解现在的年轻人,他们可是能边玩边把工作做好的一代哦。而且工作累了看看这些时尚的东西,也不失为一种很好的调节啊。"刘姐听了没再说什么,但脸色却明显地难看起来。 几天后,李明在账目上出了点小差错,她就像抓住什么把柄似的高声指责。此后,他们两个人的摩擦也渐多起来。	职场可不像校园那么单纯;个性要有,努力要有,但与人说话的方式,也是极其重要的,一个人的成功与否,有时候可能就会被一句话左右。 李明之所以遭遇到这种不尽如人意的境况就是因为作为初涉职场的年轻人,没有很好地把握语言的分寸,太张扬自我的个性了。

序号	案例内容	案例分析
7.2	因为业绩突出,李明的奖金自然很高。有同事便在休息的时候半开玩笑地说:小李,刚工作便做出这样出色的成绩,可要请客哦。李明听了一脸得意地说:这算什么啊,等一年后我有了更大的业绩,一定请你们去市里的大酒店大吃一顿!但随后却发现他们很奇怪地都不爱搭理他了,有时候看同事们谈得热火朝天,李明也很兴奋地跑过去加入,却往往是刚凑过去,他们便各找理由散开了。 在李明还没有参透其中的道理时,就到了一年一度评先进的时候。这个奖项,每个人都希望得到,因为它是一个人前进过程中很重要的催化剂;甚至拿到它,就会有马上被提拔的可能性。李明私下里算了算自己的业绩,觉得这个先进奖非他莫属。 最后的结果,却是被一个次李明一等,在人前一团和气的同事夺了去。有话便说的李明直接去找了领导。领导笑眯眯地听他发泄完,说:"我正有一个消息要告诉你,因为工作关系,你暂时被借调到分公司去工作一年。"李明一下子呆住了,这个所谓的借调,其实是遭贬。 李明没有按照领导的吩咐,去"协助"分公司工作;而是直接辞职回家了,苦拼了三个月后,通过考研重新杀回原先的大学。去转档案的时候,李明故意从正门进,以便让每一个同事都看到愈加辉煌的自己。本以为他们会小心翼翼地向他祝贺。但是,却只有几个同事淡淡地向李明打个招呼,便低头忙自己的工作了。 李明突然感到一阵很强烈的失落,即便是鲜红的录取通知书,也无法抵消这种被人忽视带来的失落。 半年后,李明在街上遇到那位得了先进的同事。简单的寒暄过后,他说:"小李,这三年除了学业,还得好好地学习一下如何说话和处世哦。"	

信 息 单

学习领域	《职业观与职业道德》——纵横职场		
学习情境7	"让青春的花在职场绽放美丽"职业形象展示	学时	4
职业智慧感言:			

良好的职业形象是纵横职场的第一张名片。

职业形象力,已经成为一种新的生产力资源。

衣装是人的第二张面孔。着装不仅能反映出一个人的职业、社会地位、经济状况,甚至会透视出一个人对工作和生活的态度,以及为人处世的能力。

7.1 职业形象概述

7.1.1 什么是职业形象

职业形象,就是社会公众对从业者的感受和评价。从业者从事职业活动时的形象就是职业形象。所有从业者都有职业形象,职业形象具有个性化特征,同时还是一个综合性的指标。不同的从业者具有不同的职业形象,如公务员和一线技术操作人员的职业形象就不一样。一个从业者的职业形象是公众通过对他的着装、气质、言谈、举止、能力、敬业精神、乐观自信等外在形象和内在形象的综合印象。一般说来,职业形象是从业者在从事本职工作的形象,不包括未从事本职工作时的形象,如休闲时间的形象。自由职业者的形象也是一种职业形象。

7.1.2 职业形象的构成

职业形象是一个复杂的系统,主要有内在系统和外在系统,它可以分为三个层面,即思想层面、行为层面和外在层面。每一层面又由一系列的形象要素构成。

思想层面是职业形象的核心系统,是指世界观、人生观、价值观、职业理想、职业信念、职业道德等一系列要素。

行为层面指的是为人处世行为、人际交往行为和工作能力等,它是职业形象的运作系统。

外在层面是公众通过感知直接感知到的系统,包括精神状态、着装、言谈、举止等一系列外在动作要素。

7.1.3 拥有良好的职业形象才会成功

1. 职业形象影响你在客户心目中的位置
2. 职业形象影响你的业绩
3. 职业形象影响你的晋升

7.2 职业形象设计

职业形象设计,是指设计者根据设计主体的要求和客观现状,运用有关的知识和方法,系统性、创造性地提出创意,制订出形象塑造的目标和方案。对高职高专学生来说,不同的职业需要树立不同的职业形象。各种职业该树立怎样的形象,这都是职业形象设计要解决的问题。

7.2.1 职业形象设计是人生命运的设计

职业形象的吸引力、影响力,叫职业形象力。在市场经济条件下,谁能把别人的注意力吸引过来谁就可能成功。事实告诉我们,形象力已经是一种新的生产力资源。所以,我们要精心设计自己的职业形象。

职业形象的设计是人生命运的设计,这是因为:职业形象设计的核心层面是思想系统的设计,主要是关于世界观、人生观、价值观等的设计。这些核心要素的设计,必然决定人们职业行为的选择与态度,其正确与否关系到个人事业的成败。良好的职业形象,能强有力地帮助人们实现自己的人生价值和社会价值,同时给人们带来可观的经济效益和社会效益,这也是形象主体进行形象设计的最终目的。相反,不良的职业形象,将断送一个人的前途,所以职业形象的设计是关系人生命运的大问题。

7.2.2 职业形象设计有章可循

1. 针对职业目标的要求进行设计

职业目标不同、职业职位不同,其职业内容和职业性质也不同,因而职业形象设计的要求也不同。职业形象设计围绕"职业"来进行,突出"职业"特征,为"职业目标"服务。职业形象设计只有与职业目标相吻合,才能有利于职业活动的进行,职业形象也才有价值,否则,就失去了存在的意义。在进行职业形象设计时,还必须对职业形象进行个性化设计,必须从实际情况出发,遵循职业活动规律的客观要求。如机电职业形象的设计,要符合机电岗位活动的要求,突出踏实、认真、诚信、精准等特征,这样会有利于提高机电活动的效果。

2. 具有时代感

职业形象是在一定时期一定环境下,社会公众对从业者的外在表现和内在素质的印象、看法、认识的综合体现。一个职业工作者不仅要具有强烈的敬业精神、高度的责任感、开拓进取的精神和很强的创新能力,而且其言行举止也不落俗套。这样的职业形象才能让人耳目一新,才能使人信赖。

3. 具有成功的感觉

目光有神、有力,敢于正视前方,正视要看的人和物,与别人的目光进行合理的接触;站立、行走要挺胸抬头;坐下时,手、腿、脚摆放合理,不乱动;举手、抬足、转身等动作的力度、频度要适中;说话时要言之有物,讲究措辞、语调,声音高低适中,配合得当的手势;要认真倾听他人的话,不随便插话或打断他人;穿与身份、地点、时间等相符合的衣服,整洁干净。

以上这些都会给人留下自信、有修养、成功的感觉。当然,成功者也有美中不足,成功者并不是"完美者",但是成功者的形象出现问题的程度、概率要比不成功者低得多。

7.3 内在形象的塑造

7.3.1 科学的人生观、价值观是职业形象的核心

什么是人生观、价值观?一般来说,人生观是一个人对生活的目的、意义和价值的总的看法,是人为什么活着、人怎样生活才最值得的一种根本的认识和观点,它是一个人的理想

信仰。价值观是一个人对周围的客观事物(包括人、事、物)的意义、重要性的总评价和总看法。价值观不仅影响个人的行为,还影响着群体行为和整个组织行为。对高职高专学生来说,科学的人生观、价值观能够标定人生方向,导引人生道路,影响人生价值,决定人生态度,是塑造美好的人格形象的核心。

李素丽、徐虎等都是我们崇拜的模范人物,他们在最平凡的职业岗位上做出了不平凡的业绩,给人留下了最美好的职业形象。为什么他们的职业形象那么美好?根本的原因就是他们做到了全心全意为人民服务,对自己的职业有着高度的热情和强烈的责任感。为人民服务是科学人生观的核心。有什么样的人生观,就必然有什么样的职业形象。

7.3.2 乐观进取的个性

积极乐观的心态能够激发热情,乐于接受新鲜事物和新的挑战,能够增强创造力,使人勤于思考,勇于创新。拥有积极心态的人总是相信明天会更好。积极的人生散发出精力、愉悦和进取的光芒。人们往往喜欢开朗、乐观的人,所以,乐观进取的个性有助于形成良好的职业形象。

成也性格,败也性格。成功和失败的差别在于:成功的人始终用最积极的思考、最乐观的精神和最辉煌的经验支配和控制自己的人生;失败的人正好相反,他们的人生总是受过去种种失败和疑虑所引导和支配。

培养乐观进取的个性品质,关键要解决两个问题:客观地认识社会发展的曲折性,正确看待现实生活中存在的各种社会问题;要客观地认识人生道路的曲折性,正确对待人生矛盾和挫折。

1. 自信

自信,是使人走向成功的关键要素,成功的人大都充满自信。李白说"天生我才必有用",可是,有不少高职高专学生却哀叹"我什么都不行"、"我没有优点",等等。高职高专学生最普遍、最严重的心理问题就是自卑。

有研究者曾连续两年对一所高职高专学院的入学新生进行心理健康普查,结果显示:缺乏自信心的占35.91%,感到自卑的占16.31%,两项之和为52%,这就是说有一半以上的学生存在不同程度的信心不足和自卑心理。学校的心理咨询教师反映,在心理咨询过程中,最常遇到的心理问题就是自卑,这种自卑心理对学生的学习和未来的工作是非常有害的。

为什么高职高专学生有这么沉重的自卑心理?其实还是"唯学历论"在作祟。中国历来有重视学历、重视身份、重视出身的习惯,这是非常错误的观念,应当改变。当某一个群体发现这个社会对他们不是很认可的时候,心里的挫折感是难免的。尤其是某些用人观念,不看能力,只看学历,似乎从事何种岗位,都要学历越高越好,甚至在招聘会上摆出"高职高专毕业生免谈"的牌子。好在这种观念正在改变,能力和综合素质正在成为选才用才的根本标准。

如何调节自卑心理呢?

提高自我评价,积极的自我暗示,积累"小成功",不断完善自己的性格,保持自信的状态。

2. 精明能干

良好的职业形象应该是有作为的形象、是成功的形象,同时也具有精明能干、具有创新能力的形象。怎样才能成为一个精明能干的人呢?

要身体健康,只有身体健康,才会精力充沛;要精细明察,具有很强的观察能力,做到明察秋毫;要机警聪明,具有很强的分析能力、判断能力和应变能力;办事能力要很强,能够把别人办不好、办不成的事情办好。

3. 创新是时代的最强音

人才的突出特征是具有创造性,作为企业的从业人员,只有具备创新能力,在自己的工作岗位上不断发现新问题、解决新问题,才能出色地完成自己的本职任务,使自己的职业形象更加美好。

7.4　外在形象的塑造

形象成功学中谈到:思想是原因,形象是结果。这就是说,你可以先想象并装扮成"那个样子",直到你成为"那个样子"。追求成功的人如果只注重品德修养、能力的提升,而忽略了外在形象的塑造,必定会影响自己成功的速度。

7.4.1　规范的职场礼仪

1. 微笑的礼仪

微笑的礼仪要求是:发自内心,自然大方,显示出亲切。

2. 介绍的礼仪

◆ 介绍的顺序原则:把男士介绍给女士,把晚辈介绍给长辈,把职位低者介绍给职位高者,把公司同事介绍给客户,把非官方人士介绍给官方人士,把本国同事介绍给外籍同事。

◆ 介绍时要说明被介绍人的身份。如:"这位是××,是我们公司的董事长。"介绍时要多提供一些相关的个人资料,比如介绍某人在某个行业做事时,其公司的名称与他的职务也不要遗漏。这样,被介绍的双方在之后的交谈中,能够找到更多的话题。

◆ 介绍时记住加上头衔,你所介绍的人如果有任何代表他身份地位的头衔,如部长、博士、董事长等,在介绍时一定要冠在姓名之后。

◆ 当介绍一方时,目光应热情注视对方,要注意微笑着用自己的视线把另一方的注意力引导过来。手的正确姿势应该是四指并拢,拇指张开,掌心向上,胳膊略向外伸,手指向被介绍者。

3. 握手的礼仪

握手除了作为见面、告辞、和解时的礼节外,还是一种祝贺、感谢或相互鼓励的表示。

◆ 与女士握手。应等女士先伸出手,男士只要轻轻一握就可。握手之前男士必须先脱下手套。与女士握手,最应掌握的是时间和力度,一般来说,握手的力度要轻一些,时间要短一些,不可握着对方的手用劲摇晃。

◆ 与老人、长辈或贵宾握手。一般情况下,平辈、朋友或熟人先伸手为礼,而对老人、长辈或贵宾时则应等对方先伸手,自己才可伸手去接握,否则,很容易被看作不礼貌的表现。握手时,不能昂首挺胸,身体可稍微前倾,以示尊重,但也不能因对方是贵宾就显得胆小拘谨。当老人或贵宾向你伸手时,应快步上前,用双手握住对方的手,并应根据场合,边握手边打招呼问候,如说"您好"、"欢迎您"、"见到您很高兴"等热情致意的话。

◆ 与若干人在一起时握手、致意的顺序是:先贵宾、老人,后同事、晚辈,先女后男。不要几个人竞相交叉握手,或在跨着门槛甚至隔着门槛时握手,这些做法是失礼的行为。

◆ 与众多上级握手时,应尽可能按其职位的高低顺序进行,但也可由他们中的一位介绍后,由你与对方一一握手。如同来的上级职位相当,握手的顺序应是先长者(或女士),然后再是其他人。

4. 使用名片的礼仪

使用名片的礼仪有递交、接受和交换三个环节。

◆ 递交名片要讲究场合。商业性质的横向联系,交际、社交场合中的礼节性拜访以表达情感或祝贺场所都可以递交。要掌握好递交名片的时机。如果是初次见面,相互介绍之后可递上;如果是比较熟识的朋友,可在告辞的时候递上。

递交名片时,为了表达对对方的尊敬,一般应双手递上,特别是下级给上级、晚辈递给长辈时,更应如此。应将名片上的姓名对着对方,以方便对方观看。应面带微笑地递交名片,同时还要说些友好礼貌的话,比如"这是我的名片,欢迎多联系","这是我的名片,请多关照"。总之,动作要洒脱大方,态度要从容自然,表情要亲切谦恭。

◆ 接受名片时,要双手接过并认真地看一下,要表示出对对方的尊重。

◆ 交换名片时,一般是地位低者、晚辈或客人先向地位高者、长辈或主人递上名片,然后再由后者予以回赠。若上级或长辈先递上名片,下级或晚辈也不必谦让,礼貌地用双手接过,道声"谢谢",再予以回赠。

5. 接打电话的礼仪

听到电话铃响应及时接。电话接通后,首先要向对方问好。打电话时除了问声好外,问清对方单位后,再报出你的姓名。如果你是找人,要客气地请求受话者代为寻叫。一般来说,在办公室里,电话铃响三遍之前就应接听,三遍以后,就应道歉:"对不起,让你久等了!"如果受话人正在做一件要紧的事不能马上接听,你应作解释:"对不起,他(她)正在忙,不过这就来,请稍候!"在传呼人时,不要大声叫喊"×××,你的电话",这让来电者听了会觉得你没有修养。如果要找的人不在,你要告诉来电者,并热情地询问是否可以代为转告,可以转告就详细做好记录;不需转告,就请来电者过一会儿再打来。不要让对方久等,更不要不做任何交代就把电话挂断,这是失礼的,会损害企业和你的形象,也会影响你和同事的关系。

接电话一般应由来电话的人先结束谈话,如果对方还没有讲完你就挂断了电话,是很不礼貌的。如果电话来得不是时候,你也应有耐心,在适当的时候打断对方的话,委婉地告诉对方:"真想和你多谈,可现在有件急事要处理,明天我打电话给你好吗?"不可粗暴地挂断电话。打电话应以不影响对方的休息、不干扰对方的家庭生活为宜。

在家里接打电话也要注意礼仪,要知道无论在哪里,不礼貌的行为都会影响自己的形象。

7.4.2 良好的仪表风度

图 7-1 男人的形象

1. 规范的职业着装

着装的基本原则:整洁原则,个性原则,和谐原则。

2. 用语言提升魅力

(1)倾听的艺术。(2)学会幽默。一语双关幽默法;借题幽默法;还有巧借反话幽默法、巧借谐音幽默法、假戏真做幽默法、否定式幽默法等。

7.4.3 优雅的行为举止

下面简要介绍服务岗位的主要站姿、坐姿和行姿。

1. 站姿

◆ 规范的站姿:头正、肩平、臂垂、躯挺、腿并。

◆ 叉手站姿:两手在腹前交叉,右手搭在左手上。这种姿势男士两脚间的距离不超过20厘米。女士可以用小丁字步,这种姿势端庄中略有自由,郑重中略有放松,在站立中身体重心可以在两腿间转换,以减轻疲劳,这是一种常用的接待姿势。

2. 坐姿

女士的主要坐姿：
- ◆ 标准式：上身挺立，双肩平正，两臂自然弯曲，两手交叉叠放在两腿中部，并靠近小腹。双腿并拢，小腿垂直于地面，两腿保持小丁字步。
- ◆ 前伸式：在标准坐姿的基础上，一只脚向前伸出一脚的距离，脚尖不要跷起。
- ◆ 前交叉式：在前伸式坐姿的基础上，右脚向后与左脚交叉，两踝关节重叠，两脚尖着地。
- ◆ 屈直式：右脚前伸，左脚屈回，大腿靠紧，两脚前脚掌着地，并在一条直线上。

男士的主要坐姿：
- ◆ 标准式：上身正直上挺，双肩正平，两手放在两腿或扶手上，双膝并拢，小腿垂直落于地面，两脚自然分成45度。
- ◆ 前伸式：在标准式的基础上，左脚向前半脚，脚尖不要跷起。
- ◆ 前交叉式：一只脚略前伸，两脚踝部交叉。
- ◆ 屈直式：左脚回屈，前脚掌着地，右脚前伸，双膝并拢。
- ◆ 斜身交叉式：两小腿交叉，身左斜出，上体向右倾，右肘放在扶手上，左手扶把手。
- ◆ 重叠式：右腿叠在左膝上部，右小腿内收、贴向左腿，脚尖自然下垂。

3. 行姿
- ◆ 头正、肩平：头要正，两肩平稳，防止上下前后摇摆，双臂前后自然摆动，前后摆幅在30～40度，两手自然弯曲，在摆中离开双腿不超过一拳的距离。
- ◆ 躯挺：上身挺直，收腹立腰，重心稍前倾。
- ◆ 步位直：脚跟先着地，脚内侧落地，走出的轨迹要在一条直线上。
- ◆ 步幅适度：前脚的脚跟距后脚的脚尖相距一脚的长度为宜。
- ◆ 步速平稳：行进的速度应当保持均匀、平衡，不要忽快忽慢。在正常情况下，步速应自然舒缓，显得成熟、自信。行走时要防止八字步、低头驼背；不要摇晃肩膀，双臂大甩手；不要扭腰摆臀、左顾右盼；脚不要擦地。
- ◆ 双目平视，表情自然平和：

在企业遇上司或来访的客人时，如果是相对而行，应靠到一侧行走；如果是同方向而行，当对方走在前面时，不可从后面超越过去，要想超越，应先打招呼，然后迅速通过。如果是与长辈或女性相遇，要马上站住让路。男女同行时，男士应随从女士的步伐，并让女士走在前面。上楼时男士走在前面，下楼时女士走在前面。引领客人时，走路的规矩是：二人并行，以右为上，所以应请客人走在自己的右侧，为了指引道路，在拐弯时，应前行一步，并伸手指引；三人同行时，中间为上，右侧次之，左侧为下，所以随行人员应走在左边。如果是接待众多的客人，应走在客人的前面，并保持在客人右前方2～3步的距离，一面交谈一面配合客人的脚步，不可独自在前。引导客人时应不时地根据路线的变化，招呼客人注意行走的方向，如"请向这边走"。在引导客人的路上不可中途停下来与他人交谈（除非有必要）。在向客人介绍建筑物等场所时，避免使用食指，正确的做法是掌心稍微倾斜向上，四个手指自然地合并伸直，大拇指微微地弯曲，这表示对客人的尊重。

7.5 塑造成功的职业形象

7.5.1 综合素质的提升

加强思想道德建设;加强人文修养;培养创新能力;培养坚忍不拔的毅力。

7.5.2 强烈的敬业精神

通过"社会究竟需要什么样的人才"的用人市场调查研究,结果显示:"敬业精神"是用人单位最为看中、看好的首选素质,用人单位对当代大学毕业生最不满意的10项内容中,除了"无自知之明"摆在第一位外,其次就是"缺乏敬业精神",这不得不引起在校高职高专学生的高度重视。

在就业方面,高职高专毕业生显然有比较大的优势。据调查,许多本科生自恃文凭高,喜欢挑工作,他们通常不屑于一些中小型企业的招聘,动不动就要求部门负责人的职位,而专科生们则比较务实,他们比本科生愿意吃苦耐劳,并且能留得下来,心态比较稳定。

7.5.3 塑造职业形象应注意的问题

1. 职业人语言的禁忌

忌喋喋不休;不可一言不发;不以自己的痛苦、不幸为话题;不打断别人的话,不以傲慢的态度拒绝别人;忌在公开场合质问他人意见的可靠性;不可在他人面前说一些瞧不起其他人的话,或指责和自己意见不同的人;说话时不能用词不敬或具有攻击性。

2. 职业人服务的禁忌

不尊敬之语,例如,对老年服务对象讲话时,不可说"老头"。不友好之语,在任何情况下,都不允许服务人员对服务对象用不友善,甚至怀有敌意的语言。不耐烦之语,服务人员禁止说"我也不知道"、"从未听说过"、"吵什么吵"、"烦死人了"、"不买东西别问"、"你问我,我问谁",等等。

3. 职业人举止的禁忌

精神委靡,目光无力,躲躲闪闪,不敢正视要看的人和物,不敢和别人的目光接触;站立、行走时缩头缩脑,经常往下看,弯腰驼背,常靠边行走;坐下时手脚不知如何放为好,手乱抓,脚乱动;说话时辞不达意,时断时续,语调怪异,声音低下,态度冷漠;在人前抠眼、挖鼻、剔牙、掏耳、抓痒。

计 划 单

学习领域	《职业观与职业道德》——纵横职场		
学习情境7	"让青春的花在职场绽放美丽"职业形象展示	学时	4
计划方式	个人或小组计划	学时	0.5
计划步骤	序号	工作步骤	使用服装道具
制订计划说明			
计划评价	班级	第 组	组长签字
	教师签字		日期
	评语:		

实 施 单

学习领域	《职业观与职业道德》——纵横职场		
学习情境7	"让青春的花在职场绽放美丽"职业形象展示	学时	4
实施方式	展示法	学时	2
序号	实施步骤	使用工具	
实施说明:			
班级		第 组	组长签字
教师签字		日期	

测 试 单

学习领域	《职业观与职业道德》——纵横职场	
学习情境7	"让青春的花在职场绽放美丽"职业形象展示	学时

测 试 内 容

1. 国际社会公认的"第一礼俗"是:(　　)
   A. 女士优先　　　　　B. 尊重原则　　　　　C. 宽容的原则

2. 朋友邀请你参加他的私人家庭晚宴,如果是晚上8点钟开始,按照国际礼仪要求,你应该在什么时间范围内到达?(　　)
   A. 7:45pm~8:00pm　　B. 8:00pm 准时到达　　C. 8:00pm~8:15pm

3. 在机场、商厦、地铁等公共场所乘自动扶梯时应靠哪侧站立,以便留出另一侧通道供有急事赶路的人快行?(　　)
   A. 左侧　　　　　　　B. 右侧　　　　　　　C. 随便

4. 在商务会餐中,贵宾的位置应安排在:(　　)
   A. 主人的左侧　　　　B. 主人的右侧　　　　C. 都可以

5. 在社交场合,下列一般介绍顺序,哪个是错误的?(　　)
   A. 将男性介绍给女性
   B. 将年轻的介绍给年长的
   C. 将先到的客人介绍给晚到的客人

6. 在马路上行走时,一般:(　　)
   A. 女士或长者走在右侧,男士或年轻者行于靠近车辆的一侧
   B. 女士或长者走在靠近车辆的一侧,男士或年轻者行于右侧
   C. 两者皆可

7. 电话响时,应迅速接听,不应让铃响超过几次?(　　)
   A. 二次　　　　　　　B. 三次　　　　　　　C. 四次

8. 与人交谈时,应注视对方哪个位置最合适?(　　)
   A. 衣领　　　　　　　B. 额头　　　　　　　C. 双眉到鼻尖构成的三角区

9. 客户来访时,如果乘坐专职司机驾驶的轿车,应安排客户坐在什么位置?(　　)
   A. 后排右边　　　　　B. 司机旁边　　　　　C. 后排左面

10. 如果主人亲自驾驶小轿车,哪个座位应为首位?(　　)
    A. 副驾驶座　　　　　B. 后排右侧　　　　　C. 后排左侧

11. 邀请客户参加公司会议时,如果总经理坐在会议桌的末端,客户应该坐在哪里?(　　)
    A. 客户应该坐在经理的左边
    B. 客户应该坐在经理的右边
    C. 客户应该坐在经理的对面

测 试 内 容

12. 在电梯里,正确的站立方向:(　　)
　　A. 侧身站立　　　　　　B. 面对电梯门站立　　　C. 与人背对背站立

13. 在参加公务活动时,女士脱穿大衣时,男士应:(　　)
　　A. 主动回避,注意影响
　　B. 主动帮助,挂拿存取衣服
　　C. 在旁边等待,然后挂拿存取衣服

14. 在商务活动中,与多人交换名片,应讲究先后次序,正确的次序是:(　　)
　　A. 由近而远　　　　　　B. 由远而近　　　　　　C. 左右开弓,同时进行

15. 接受别人递给你名片之后,你应把它放在哪里?(　　)
　　A. 名片夹里或者上衣口袋　B. 西装内侧的口袋　　　C. 裤袋里面

16. 给来访客人放置水杯时,应该放在客人的哪一侧?(　　)
　　A. 左侧　　　　　　　　B. 右侧　　　　　　　　C. 正前方

17. 在女士需要的时候,男子应帮助女士提包或者其他物品。但下列哪样物品不适合长时间帮助女士提?(　　)
　　A. 行李　　　　　　　　B. 背包　　　　　　　　C. 坤包

18. 社交场合男女握手时,应当由谁先伸手?(　　)
　　A. 男士　　　　　　　　B. 女士　　　　　　　　C. 无所谓

19. 双边会谈中,通常用长方形、椭圆形或圆形桌子,宾主相对而坐,以正门为准,主人应坐在哪一侧?(　　)
　　A. 面门一侧　　　　　　B. 背门一侧　　　　　　C. 均可

20. 男士商务着装,整体不应超过几种颜色?(　　)
　　A. 两种　　　　　　　　B. 三种　　　　　　　　C. 四种

21. 领带夹的位置与西装是否系纽扣有关,在西装不系纽扣时,领带夹应夹在衬衣的第几粒扣之间?(　　)
　　A. 第二粒和第三粒之间　B. 第三粒和第四粒之间　C. 第四粒和第五粒之间

22. 观看经典的歌剧或音乐会时,应该选择什么样的服装?(　　)
　　A. 相对正式的服装　　　B. 时尚休闲服装　　　　C. 无所谓

23. 商务活动中,男士可穿下列何种西服?(　　)
　　A. 粗格呢西服　　　　　B. 印有花、鸟图案的西服　C. 条纹细密的竖条纹西装

24. 哪种衬衫不应与正装相配?(　　)
　　A. 方领　　　　　　　　B. 短领或长领　　　　　C. 异色领

25. 女士穿着西式套裙时,最佳搭配是什么鞋?(　　)
　　A. 高跟皮鞋　　　　　　B. 平跟皮鞋　　　　　　C. 凉鞋

26. 在正式场合中,应将手机放在什么地方?(　　)
　　A. 可以放在上衣内袋或公文包中
　　B. 可以挂在腰带上

测试内容

C. 可以放在裤袋中

27. 以下哪种颜色的袜子不能在穿西装的时候穿？（　　）
   A. 黑色　　　　　　　　B. 深蓝色　　　　　　　C. 白色

28. 男士衬衫的袖口长度应该正好到手腕的什么位置为宜？（　　）
   A. 以长出西装袖口1～2厘米为宜
   B. 以短出西装袖口1～2厘米为宜
   C. 正好与西装袖口齐平

29. 男士衬衣内除了背心之外，最好不穿其他内衣，如棉毛衫之类，如果穿的话，内衣的领圈和袖口应该：（　　）
   A. 不要显露出来　　　B. 可露出一点　　　C. 露在衬衣的外边

30. 在正式场合，女士不化妆会被认为是不礼貌的，要是活动时间长了，应适当补妆，最好在以下什么地方补妆？（　　）
   A. 办公室　　　　　　　B. 洗手间　　　　　　　C. 公共场所

测试分析：
标准答案：1.A 2.C 3.B 4.B 5.C 6.A 7.B 8.C 9.A 10.A 11.B 12.B 13.C 14.A 15.A 16.B 17.C 18.B 19.B 20.B 21.B 22.A 23.C 24.C 25.A 26.A 27.C 28.A 29.A 30.B

分析：本测试共30题，答对21题以上者，说明你对国际礼仪规范十分了解并能够在实际工作或生活中运用，属于礼仪形象完美的人；答对11-20题者，说明你对国际礼仪规范有一定了解但在实际工作或生活中应用一般，属于礼仪形象一般的人，还有提升的可能；答对10题以下者，说明你基本上不了解国际礼仪规范并无法实际应用，属于礼仪形象较差者，需要大幅度提高。

评 价 单

学习领域	《职业观与职业道德》——纵横职场			
学习情境7	"让青春的花在职场绽放美丽"职业形象展示		学时	0.25
评价类别	项目	子项目	个人评价	组内互评	教师评价

评价类别	项目	子项目	个人评价	组内互评	教师评价
专业能力(60%)	资讯(10%)	搜集信息(5%)			
		引导问题回答(5%)			
	计划(5%)	计划可执行度(5%)			
	实施(5%)	工作步骤执行(5%)			
	检查(10%)	全面性、准确性(5%)			
		思想性(3%)			
		现场应变能力(2%)			
	过程(10%)	语言表达规范性(5%)			
		问题分析逻辑性(5%)			
	结果(10%)	结果质量(10%)			
	作业(10%)	完成质量(10%)			
社会能力(20%)	团结协作(10%)	参与度与合作精神(5%)			
		对小组的贡献(5%)			
	敬业精神(10%)	态度认真(5%)			
		遵守纪律(5%)			
方法能力(20%)	计划能力(10%)				
	决策能力(10%)				

	班级		姓名		学号		总评	
	教师签字		第 组		组长签字		日期	
评价评语	评语:							

教学反馈单

学习领域	《职业观与职业道德》——纵横职场				
学习情境7	"让青春的花在职场绽放美丽"职业形象展示		学时		0.25
调查项目	序号	调查内容	是	否	理由陈述
	1	是否明确地认识自我形象？			
	2	是否设想过未来的职业形象问题？			
	3	是否有理想的职业形象崇拜？			
	4	是否有自我形象焦虑现象？			
	5	是否有自卑感？			
	6	是否能进行准确的职业形象定位？			
	7	是否能正确运用职场礼仪规范？			
	8	是否对自身职业形象设计存在困惑？			
	9	是否拥有成功职业形象自信？			
	10	是否能充分展示自我职业形象？			

收获、感悟与体会：

你的意见对改进教学非常重要，请写出你的建议和意见。

调查信息	被调查人签名		调查时间	

学习情境 8：

"企业文化面面观"企业文化调研

任 务 单

学习领域	《职业观与职业道德》——纵横职场			
学习情境 8	"企业文化面面观"企业文化调研		学时	4
布 置 任 务				
学习目标	1. 分析知名企业文化,归纳企业文化的类型与特点。 2. 调查知名企业文化现状,撰写调研报告。 3. 学会认同企业文化。 4. 提升企业文化内涵。			
任务描述	1. 布置学生预习企业文化信息单内容。 2. 安排学生进行知名企业文化调研。 3. 调研方式可分为网上调研、企业实地调研、报纸杂志等媒体调研等。 4. 根据调研结果撰写调研报告,内容包括:调研目的、调研时间、地点、企业名称、调研项目、调研结果、收获与认识等。 5. 交流调研心得。 6. 提交调研报告。 7. 对调研报告进行评价。			
学时安排	资讯1学时	计划0.5学时	实施2学时	评价0.25学时	反馈0.25学时
提供资料	1. 教材信息单。 2. 教材案例单。 3. 课件。 4. 报纸杂志。 5. 教学辅助教材。			
对学生的要求	1. 调研之前详细了解企业文化的分类及功能。 2. 制订翔实的调研计划,列清调研对象、调研内容、调研目的及效果等。 3. 集中时间深入典型企业进行调研,及时记录。 4. 对记录内容进行整理,形成调研报告。 5. 必须按照计划进行实际调研,不得缺席或以其他方式替代。			

资 讯 单

学习领域	《职业观与职业道德》——纵横职场		
学习情境 8	"企业文化面面观"企业文化调研	学时	4
资讯方式	搜集信息资料,形成个人观点或小组观点	学时	1
资讯问题	1. 企业文化的功能。 2. 企业文化的分类。 3. 如何适应企业文化?		
资讯引导	1. 谢元锡.大学生职业素质修养与就业指导.北京:清华大学出版社,2007 2. 张国宏.职业素质教程.北京:经济管理出版社,2006 3. 张强.大学生择业与就业指导教程.北京:世界知识出版社,2006 4. 陶学忠.职业训练.北京:中国经济出版社,2005 5. 颜咏.大学生职业道德.北京:北京理工大学出版社,2007 6. 报刊相关资讯 7. 网络相关资讯		

案 例 单

学习领域	《职业观与职业道德》——纵横职场		
学习情境8	"企业文化面面观"企业文化调研	学时	4
序号	案例内容	案例分析	
8.1	**百年企业靠文化** 　　这是发生在中国重汽卡车公司车架厂铆接车间钻眼组的一个故事:由于生产过程中产生大量铁屑和冷却水,工人们穿的劳保鞋底很容易被铁屑磨破,冷却水直往鞋里浸,到了冬天工人们的脚都是冰凉的。组长张志广想出利用废旧胶皮加厚鞋底的办法解决这一难题,并制作了一套简易的修鞋工具。于是他找来了废旧胶皮,利用中午的休息时间当起义务修鞋匠,为工人们刚刚脱下的还沾满污水的鞋加一层厚厚的鞋底,为车间节省了一笔费用。 　　在2008年的抗震救灾活动中,中国重汽向四川地震灾区捐赠了价值1 200万元的洒水喷药车、垃圾车、水泥搅拌车、工程自卸车,累计为灾区捐款捐物1 642万元,成都分公司更是奔赴抗震救灾一线,运送救灾物资。平时,中国重汽积极赞助社会文体活动,向贫困地区的学校捐款捐物,他们还向济南慈善总会捐款1 000万元,设立济南慈善总会中国重汽集团分会,救助社会困难群体。 　　**从"重汽速度"说起** 　　中国重汽章丘发动机生产基地从开工建设到批量投产仅用了8个月时间;年产5万辆重型汽车的商用车公司从施工到完成搬迁并投产仅用了1年……重汽人创造了一系列令人称奇的"重汽速度"。曾有人这样评价这一现象:"中国重汽能在短时间内从濒临破产到做大做强,不仅仅是几项自主创新的技术和现代化管理的结果。如果没有为广大员工广泛接受并已成为精神动力的企业文化,企业不会站得这样高,走得这样远。" 　　**重汽的文化手册** 　　核心理念——科学发展、理性经营、精心操作、追求最佳效益。 　　企业宗旨——坚持以人为本,诚信中国重汽。 　　社会价值观——用人品打造精品,用精品奉献社会。 　　企业哲学——一步到位、步步到位。	无论是工作中的一些小事和细节,还是勇担责任的义举,都体现出这样一个事实:共同的理念、规范已深深植入重汽人的思想,成为大家的行为指南。 　　成为精神动力的企业文化,会使企业站得更高,走得更远。 　　在实践中凝练出的企业文化更加厚重而坚定,更加具有感召力。	

序号	案例内容	案例分析
8.1	行为理念——打响中国牌、唱响重汽歌、当好重汽人、造好重汽车…… 　　和一些企业的文化仅仅停留在本本上不同,重汽的文化是在几十年的发展中特别是在重组前后多年的"惊涛骇浪"中实践形成的,早已根深蒂固。 　　"用先进的企业文化统领企业管理重在'以人为本'" 　　中国重汽集团董事长、党委书记马纯济曾这样谈起他对企业文化的认识。 　　改革重组前,重汽遗留了大量历史问题,在济南创下计划单列企业"欠税、欠银行利息、欠职工工资、欠缴养老保险"的"四个第一"。按照国务院的重组方案,重汽要将7万人减到2万人。在研究减员分流的党委会议上,马纯济动情地说:"我们要带着感情分流职工,人员不能一推了之,工龄不能一卖了之,饭碗不能一砸了之。国有企业的职工为国家为企业作出了自己的贡献,职工上有老、下有小,有的一家人几代都在重汽工作,我们要设身处地为他们着想。" 　　重汽在减员中对劳动模范、双职工、残疾人制定了16项分流政策,实现了减员分流职工的"软着陆";补足了退养退休职工的工资;筹措资金,补交了拖欠多年的养老保险金,将数千名退休职工纳入了社会统筹。在重组初期资金十分紧张的情况下,主动在上级规定基础上把下岗职工每月人均生活补助由300元提高到500元。此后,根据企业效益的提高情况,相应增加职工收入,使在职员工人均年收入,由重组前的不足1万元,增加到现在的3.8万元,增长了近4倍,并逐步解决了职工住房、医疗保险等问题。 　　重汽的企业管理形成了以人为中心的"人本管理"特色。企业每项重大决策出台,都按照科学民主的决策程序进行,广泛征求意见,反复进行评估论证。为切实保障职工权益,集团和下属企业的领导班子定期向职代会和股东大会报告工作,工资调整方案、房屋分配方案等都要在职代会上通过,企业的重大决策都要通报职工联席会,并通过职工代表传达给广大职工。按照现代企业制度的要求,逐步建立和完善内部激励约束机制,在职工收入普遍增长的情况下,制定19项措施,增加关键岗位的收入,使员工的才能尽量得到施展。	企业以人为本,工人以企业为根,相互的关爱才能铸就企业的辉煌

序号	案 例 内 容	案例分析
8.1	"亲人服务"让重汽车一路平安 中国重汽在全国第一家注册了"亲人服务"品牌标志,重新组建了售后服务中心,开通了24小时服务电话,提出"车在用户心中,更在亲人手中"的服务理念和"用户第一、质量第一、信誉第一"的宗旨,以"亲情服务、主动服务、及时服务、终身服务"达到让用户满意的目标。 ——摘自"新浪网"	企业对用户亲,用户才能对企业产生情。没有亲,就无法产生情;没有情就不会有企业的未来。
8.2	**必胜客之"必胜"招法** 从"休闲餐饮"到"欢乐餐厅",必胜客二度定位,"醉翁"何意?一张"比萨",一种文化,必胜客的"文化攻势"又是怎么一番景象?人均消费40~60元,却依旧是排队等候的火爆场面,是何原因呢? "我们就是试图带来一种更新的餐饮时尚,积极地寻求自我突破。当消费者的生活水平已经超出你的服务水平时,你必须想到如何重新引导他们向更高的境界迈进。快乐生活是一种世界大趋势,也是人生意义所在。"一位必胜客高层如是说。 2003年1月,必胜客在中国开店突破100家,以此为新起点,必胜客从"休闲餐饮"向"欢乐餐厅"渐进。10月,收回华南必胜客经营管理权以来,经过半年的调整,必胜客实现了形象的全面转型。必胜客中国区总经理罗维仁出席广州"必胜客欢乐餐厅全新形象"庆典活动时宣称,从即刻起,必胜客将以更美味的食品、更舒适的环境和更人性化的服务给消费者带来"欢乐餐厅"的新体验。这标志着必胜客新发展规划的正式出台。 首先,欢乐美食。这里的消费群以年轻一族为主,时尚的、流行的元素为必胜客铺上了欢乐的背景。干净的桌椅和明亮的窗户,让顾客的心情自然舒畅愉悦。 其次,欢乐环境。为突出欢乐气氛,所有餐厅都增加了抽象派西式壁画、壁炉状的出饼台、随处可见的厨房小玩具等,还为就餐的年轻人和儿童量身订制了许多游戏项目。比如在比萨上桌之前的"沙拉吧",鼓励顾客自己"装配"出一份新鲜美味、多得冒尖的沙拉大餐等。 昏黄幽暗的灯光流泻下来,映照在附着于墙壁上的抽象油画上,给人一种朦胧的温暖,仿佛某一个散淡的黄昏里一场波澜不惊的巧遇:只有一张比萨的距离,却是美食与文化的邂逅。	必胜客倡导"为客疯狂"、"顾客是我们的唯一"的理念,营造"欢乐休闲"、"轻松亲切而又值得依赖"的餐饮氛围和文化,并把这种餐饮文化转化到企业内部,形成一套具有企业特色的企业文化。让员工接受并认同这种企业文化,使员工不经意间影响着顾客,在品位与品尝之间产生完美的结合。

序号	案 例 内 容	案例分析
8.2	温馨舒适的餐厅让您在享受咖啡茶点的同时,也享受必胜客带给您的环境和品位。三五知己围坐一圈,品咖啡红茶,佐以精致的小食,或聊天,或看杂志,轻松愉快,惬意非常。 　　再次,欢乐服务。在客人被服务员领到餐台前坐下后,服务员并不在顾客左右。这就是"必胜客"的距离式服务,有距离是为了在客人的感受上造成无距离。服务生的"眼力"很好,当客人有所需求时,他们会从客人的眼神、表情或动作中读出客人的期待,适时提供服务。 　　正是这一系列欢乐元素,使其品牌精神得以在细节上体现出来,使得一个洋品牌在古老的中国大地上生根发芽。 　　必胜客形象的二度定位,无疑是扩大了消费群,目标明确地指向了年轻人、白领和家庭,其消费形式也以朋友聚会、家庭聚餐、情侣约会为主。尤其引人注目的是,调整后的必胜客在产品价格上给消费者带来了新惊喜:各类产品降幅达到15%,这也算是"欢乐价格"吧。 　　——摘自"成功领袖网"	

信 息 单

学习领域	《职业观与职业道德》——纵横职场		
学习情境 8	"企业文化面面观"企业文化调研	学时	4

职业智慧感言：

如果经济发展给了我们什么启示,那就是文化乃举足轻重的因素。

——美国历史学家戴维·兰德斯

企业文化是企业发展的内在原动力,是企业参与市场的核心竞争力之一。

理解企业文化、认同企业文化、立足企业文化,结合本职工作,谱写职业生涯的美丽篇章。

8.1 企业文化概述

8.1.1 什么是企业文化

企业文化是企业在生产经营实践中逐步形成的,为全体员工所认同并遵守的,带有本组织特点的使命、愿景、宗旨、精神、价值观和经营理念,以及这些理念在生产经营实践、管理制度、员工行为方式与企业对外形象的体现的总和。

8.1.2 企业文化的结构

在关于企业文化结构的各种学说中,我们把企业文化剖分成形象、行为、制度和价值观四个层次,如图8-1表示：

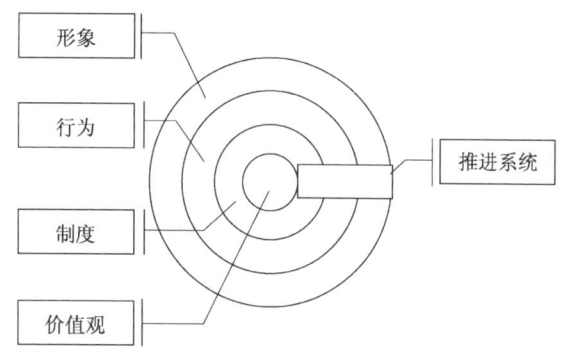

图 8-1 企业文化结构图

为了方便理解,我们可以用一棵树来比喻企业文化的四个层面——形象、行为、制度、价值观之间的关系。

价值观是根,根决定了树的生命力的强和弱,价值观决定着企业当前的生存,更决定着企业未来的发展。

制度是树干和树皮,树干是关键的承上启下的部分,下面连接着根,上面撑持着枝叶;制度对内直指着价值观,对外则生发出组织和个人的全部行为——企业内组织和个人之所以这样做而不是那样,是因为企业制度使他或他们这样而不是那样。

行为是枝桠。树干和枝桠有时候很难分开来谈，就像制度和行为很难分开来谈一样，两者都是价值观的外在反映。

形象是叶子、花和果实。树上的叶子、花和果实多点少点没多大关系，可以大也可以小，可能翠绿也可能枯黄，春天表现出勃勃生机，冬天在寒风中瑟缩。企业如何在形象上做文章，做多少文章，对企业的生存没有根本影响，但对企业的发展有重要影响。完全不讲究形象的企业，如完全没有叶子、花和果实的树一样，很难让人看到它的生机。

8.1.3 企业文化的类型

学界关于企业文化类型的划分有二十余种，其中最有影响力的是美国哈佛大学教育研究院的教授泰伦斯·迪尔和麦肯锡咨询公司顾问艾伦·肯尼迪合著的经典著作《企业文化——企业生存的习俗和礼仪》一书中对于企业文化的划分，具体如下：

1. 按照企业的任务和经营方式划分

硬汉型文化。这种文化鼓励内部竞争和创新，鼓励冒险。属于竞争性较强、产品更新快的企业文化。

努力工作尽情享受型文化。这种文化把工作与娱乐并重，鼓励职工完成风险较小的工作。属于竞争性不强、产品比较稳定的企业文化。

赌注型文化。它具有在周密分析基础上孤注一掷的特点。属于一般投资大、见效慢的企业文化。

过程型文化。这种文化着眼于如何做，基本没有工作的反馈，职工难以衡量他们所做的工作。属于机关性较强、按部就班就可以完成任务的企业文化。

2. 按照企业的状态和作风划分

有活力的企业文化。重组织、追求革新，有明确的目标，面向外部，沟通良好，责任心强。

停滞型企业文化。急功近利，无远大目标，带有利己倾向，自我保全、面向内部，行动迟缓，不负责任。

官僚型企业文化。例行公事，官样文章。

3. 按照企业的性质和规模划分

温室型。这是传统国有企业所特有的。对外部环境不感兴趣，缺乏冒险精神，缺乏激励和约束。

实惠者型。中小型企业特有。战略随环境变动而转移，其组织结构缺乏秩序，职能比较分散。价值体系的基础是尊重领导人。

菜园型。力图维护在传统市场的统治地位，家长式经营，工作人员的激励处于较低水平。

大型种植物型。大企业特有。不断适应环境变化，工作人员的主动性、积极性很难受到激励。

4. 按照企业对各种因素重视的程度划分

科层型。垄断的市场中从事经营的公司所拥有。非个性化的管理作风，金字塔式组织结构，注重对标准、规范和刻板程序的遵循，组织内部缺乏竞争，人们暗地里勾心斗角。

职业经理型。工作导向,有明确的标准,严格的奖惩制度,组织结构富于灵活性,内部竞争激烈。

技术型。技术专家掌权,家长式作风,着重依赖技术秘诀,职能制组织结构。

8.2 企业文化的功能

8.2.1 企业文化的导向功能

1. 价值观念的指导

美国学者托马斯·彼得斯和小罗伯特·沃特曼在《寻求优势》一书中指出:"我们研究的所有优秀公司都很清楚他们的主张是什么,并认真建立和形成了公司的价值准则。事实上,一个公司缺乏明确的价值准则或价值观念不正确,我们则怀疑它是否有可能获得经营上的成功。"

2. 企业目标的指引

完美的企业文化会从实际出发,以科学的态度去制定企业的发展目标,这种目标一定具有可行性和科学性。企业员工就是在这一目标的指导下从事生产经营活动的。

8.2.2 企业文化的约束功能

1. 有效规章制度的约束
2. 道德规范的约束

8.2.3 企业文化的凝聚功能

共同的价值观念形成了共同的目标和理想,职工把企业看成是一个命运共同体,把本职工作看成是实现共同目标的重要组成部分,整个企业步调一致,形成统一的整体。这时,"厂兴我荣,厂衰我耻"成为职工发自内心的真挚感情,"爱厂如家"就会变成他们的实际行动。

8.2.4 企业文化的激励功能

共同的价值观念使每个职工都感到自己存在和行为的价值,自我价值的实现是人的最高精神需求的一种满足,这种满足必将形成强大的激励。另外,企业精神和企业形象对企业职工有着极大的鼓舞作用,特别是当企业文化建设取得成功、在社会上产生影响时,企业职工会产生强烈的荣誉感和自豪感,他们会加倍努力,用自己的实际行动去维护企业的荣誉和形象。

8.2.5 企业文化的调适功能

调适就是调整和适应。企业各部门之间、职工之间,由于各种原因难免会产生一些矛盾,解决这些矛盾需要各自进行自我调节;企业与环境、与顾客、与企业、与国家、与社会之间都会存在不协调、不适应之处,这也需要进行调整和适应。企业哲学和企业道德规范使经营者和普通员工能科学地处理这些矛盾,自觉地约束自己。完美的企业形象就是进行这些调节的结果。

8.3 如何适应企业文化

1. 适应企业文化从求职开始
2. 调整自己不断适应企业文化
(1)想方设法亲密接触企业文化
(2)"四项注意"快速融入企业文化

认真对待新员工培训;工作中多学、多问、多了解;谦虚行事;融入团队。

8.4 中国企业文化的现状

8.4.1 企业文化建设的一般原则

必须坚持社会主义方向;强化以人为中心;表里一致,切忌形式主义;注重差异性;不能忽视经济性;继承传统文化的精华。

8.4.2 培育共同价值的观念

培养企业核心的价值观念,是企业文化建设的一项基础工作。企业价值观念的培育是通过教育、倡导和模范人物的宣传感召等方式,使企业职工扬弃传统落后的价值观念,树立正确的、有利于企业生存发展的价值观念,并达成共识,成为全体职工思想和行为的准则。

企业价值观念的培育是一个由服从,经过认同,最后达到内化的过程。服从是在培育的初期,通过某种外部作用(如人生观教育)使企业中的成员被动地接受某种价值观念,并以此来约束自己的思想和行为;认同是受外界影响(如模范人物的感召)而自觉地接受某种价值观念,但对这一观念未能真正地理解和接受;内化不仅是自愿地接受某种价值观念,而且对它的正确性有真正的理解,并按照这一价值观念自觉地约束自己的思想和行为。

企业价值观念的培育是一个长期的过程。在这个过程中,企业组织中个体成员价值观念的转变还可能由于环境因素的影响而出现反复,这更加剧了价值观念培育的复杂性。价值观念的培育,需要企业领导进行深入细致的思想工作,善于把高度抽象的思维逻辑变成员工可以接受的基本观点。这其中,思想政治工作十分重要,它能唤起职工对自己生活和工作意义的深思,对自己事业的信念和追求。

企业价值观念是由多个要素构成的价值体系,因此在培育中要注意多元要素的组合,既要考虑国家、企业的价值目标,又要照顾职工的需求。但首先考虑的还应是国家和民族的利益。例如,日本松下公司的七条价值观念中,第一条就是"工业报国";我国老一代企业家卢作孚(民生轮船公司创始人)倡导的"民生精神",就是基于"服务社会,便利人群,开发产业,富裕国家"这一为国为民的价值观念。

计 划 单

学习领域	《职业观与职业道德》——纵横职场		
学习情境8	"企业文化面面观"企业文化调研	学时	4
计划方式	个人或小组计划	学时	0.5

计划步骤	序号	工作步骤	使用资源

制订计划说明	

计划评价	班级		第 组	组长签字	
	教师签字			日期	
	评语:				

实　施　单

学习领域	《职业观与职业道德》——纵横职场		
学习情境8	"企业文化面面观"企业文化调研	学时	4
实施方式	调研式	学时	2
序号	实施步骤	使用资源	
实施说明			
班级		第　　组	组长签字
教师签字		日期	

测 试 单

学习领域	《职业观与职业道德》——纵横职场	
学习情境 8	"企业文化面面观"企业文化调研	学时

测 试 内 容

下面是某公司招聘测试题,可以帮助了解该企业的文化。

1. 你何时感觉最好？
   A. 早晨　　　　B. 下午及傍晚　　　　C. 夜里

2. 你走路时是：
   A. 大步快走　　B. 小步快走　　C. 不快,仰着头面对着前方　　D. 不快,低着头
   E. 很慢

3. 和人说话时,你：
   A. 手臂交叠站着　　B. 双手紧握着　　C. 一只手或两手放在臀部
   D. 碰着或推着与你说话的人　　E. 玩着你的耳朵、摸着你的下巴或用手整理头发

4. 坐着休息时,你：
   A. 两膝盖并拢　　B. 两腿交叉　　C. 两腿伸直　　D. 一腿蜷在身下

5. 碰到你感到发笑的事时,你的反应是：
   A. 大笑　　B. 笑着,但不大声　　C. 轻声地略略地笑　　D. 羞怯地微笑

6. 当你去一个派对或社交场合时,你：
   A. 很大声地入场以引起注意　　B. 安静地入场,找你认识的人
   C. 非常安静地入场,尽量保持不被注意

7. 当你非常专心工作时,有人打断你,你会：
   A. 欢迎他　　B. 感到非常恼怒　　C. 在 A 和 B 之间

8. 下列颜色中,你最喜欢哪种颜色？
   A. 红色或橘色　　B. 黑色　　C. 黄色或浅蓝色　　D. 绿色　　E. 深蓝或紫色
   F. 白色　G. 棕色或灰色

9. 临入睡的前几分钟,你在床上的姿势是：
   A. 仰躺,伸直　B. 俯躺,伸直　C. 侧躺,微卷　D. 头睡在一侧手臂上　E. 被盖过头

10. 你经常梦到你在：
    A. 落下　B. 打架或挣扎　C. 找东西或人　D. 飞或漂浮　E. 你平常不做梦　F. 你的梦都是愉快的

做完了题目,现在将所有分数相加,再对照后面的内容进行分析。分数：

测 试 内 容

	A	B	C	D	E	F	G
1.	2	4	6				
2.	6	4	7	2	1		
3.	4	2	5	7	6		
4.	4	6	2	1			
5.	6	4	3	5			
6.	6	4	2				
7.	6	2	4				
8.	6	7	5	4	3	2	1
9.	7	6	4	2	1		
10.	4	2	3	5	6	1	

分析：

低于21分：内向的悲观者。人们认为你是一个害羞的、神经质的、优柔寡断的人，需要人照顾、永远要别人为你做决定、不想与任何事或任何人有关。他们认为你是一个杞人忧天者。有些人认为你令人乏味，只有那些深知你的人才了解你不是这样的人。

21分到30分：缺乏信心的挑剔者。你的朋友认为你勤勉刻苦、很挑剔。他们认为你是一个谨慎的、十分小心的人，一个缓慢而稳定辛勤工作的人。如果你做任何冲动的事或无准备的事，会令他们大吃一惊。他们认为你会从各个角度仔细地检查一切之后仍经常决定不做。他们认为你的这种反应一部分是因为你小心的天性所引起的。

31分到40分：以牙还牙的自我保护者。别人认为你是一个明智、谨慎、注重实效的人。也认为你是一个伶俐、有天赋、有才干且谦虚的人。你不会很快、很容易和人成为朋友，但是一个对朋友非常忠诚的人，同时要求朋友对你也有忠诚的回报。那些真正有机会了解你的人会知道要动摇你对朋友的信任是很难的，然而一旦这信任被破坏，会使你很难熬。

41分到50分：平衡的中道。别人认为你是一个新鲜的、有活力的、有魅力的、好玩的、讲究实际的而永远有趣的人；经常是群众注意力的焦点，但是你是一个足够平衡的人，不至于因此而昏了头。他们也认为你亲切、和蔼、体贴、能谅解人；一个永远会使人高兴起来并会帮助别人的人。

51分到60分：吸引人的冒险家。别人认为你有令人兴奋的、高度活泼的、相当易冲动的个性；你是一个天生的领袖、一个做决定会很快的人，虽然你的决定不总是对的。他们认为你是大胆的和冒险的，会愿意尝试做任何事至少一次；是一个愿意尝试机会且欣赏冒险的人。因为你散发的刺激感，他们喜欢跟你在一起。

60分以上：傲慢的孤独者。别人认为对你必须"小心处理"。在别人的眼中，你是自负的、自我中心的人，极端有支配欲和统治欲。别人可能钦佩你，希望能多像你一点，但不会永远相信你，会对与你更深入的来往有所踌躇及犹豫。

评 价 单

学习领域	《职业观与职业道德》——纵横职场			
学习情境8	"企业文化面面观"企业文化调研		学时	0.25
评价类别	项目	子项目	个人评价	组内互评	教师评价

评价类别	项目	子项目	个人评价	组内互评	教师评价
专业能力(60%)	资讯(10%)	搜集信息(5%)			
		引导问题回答(5%)			
	计划(5%)	计划可执行度(5%)			
	实施(5%)	工作步骤执行(5%)			
	检查(10%)	全面性、准确性(5%)			
		思想性(3%)			
		现场应变能力(2%)			
	过程(10%)	语言表达规范性(5%)			
		问题分析逻辑性(5%)			
	结果(10%)	结果质量(10%)			
	作业(10%)	完成质量(10%)			
社会能力(20%)	团结协作(10%)	参与度与合作精神(5%)			
		对小组的贡献(5%)			
	敬业精神(10%)	态度认真(5%)			
		遵守纪律(5%)			
方法能力(20%)	计划能力(10%)				
	决策能力(10%)				

评价评语	班级		姓名		学号		总评	
	教师签字		第 组	组长签字			日期	
	评语:								

教学反馈单

学习领域	《职业观与职业道德》——纵横职场				
学习情境8	"企业文化面面观"企业文化调研			学时	0.25
调查项目	序号	调查内容	是	否	理由陈述
	1	你调查的企业是否超过三家?			
	2	你是否进行实地调研?			
	3	你是否调研到这几家企业文化的全部?			
	4	在企业文化调研过程中是否有认识提升?			
	5	在调研中是否为某家企业文化所吸引?			
	6	你喜欢哪一家企业的文化?			
	7	你是否能认同未来将就职企业的文化?			
	8	你是否对企业的制度文化有抵触心理?			
	9	你觉得企业文化有什么意义?			
	10	你有企业文化核心价值观吗?			
收获、感悟与体会:					
你的意见对改进教学非常重要,请写出你的建议和意见。					
调查信息	被调查人签名			调查时间	

学习情境 9:

"职业商数"综合测评

任 务 单

学习领域	《职业观与职业道德》——纵横职场			
学习情境 9	"职业商数"综合测评		学时	2
布 置 任 务				
学习目标	1. 了解职业商数的构成及意义。 2. 学会职业思辨,用辩证的观点进行职业思考。 3. 掌握提高职业商数的途径和方法。			
任务描述	1. 通过职业商数综合测评,了解学生对本门课程的认知程度。 2. 考查学生对知识点的应用情况。 3. 分析优势与不足,寻求改进措施。 4. 根据测试结果归纳本课程的学习要点及取得的效果,对测试结果进行分档说明。			
学时安排	资讯 0.5 学时	计划 0.5 学时	实施 0.5 学时	评价 0.25 学时	反馈 0.25 学时
提供资料	1. 信息单 2. 测试题			
对学生的要求	1. 熟悉信息单内容。 2. 进行职商测试。 3. 根据测试结果寻找自己的不足或差距。 4. 制订计划。 5. 测试要真实。			

资 讯 单

学习领域	《职业观与职业道德》——纵横职场		
学习情境 9	"职业商数"综合测评	学时	2
资讯方式	搜集信息资料,在个人观点基础上形成小组观点	学时	0.5
资讯问题	1. 职业商数及意义。		
	2. 职业商数的构成。		
	3. 如何提高职业商数?		
资讯引导	1. 曼德.新职业观.北京:人民邮电出版社,2006 2. 杜愚.人在职场.北京:电子工业出版社,2005 3. 吴甘霖.一生成就看职商.北京:机械工业出版社,2006 4. 孟森.与公司同呼吸.北京:清华大学出版社,2006 5. 高兴.大学毕业生综合素质测评.北京:北京出版社,2007 6. 报刊相关资讯 7. 网络相关资讯		

案 例 单

学习领域	《职业观与职业道德》——纵横职场		
学习情境 9	"职业商数"综合测评	学时	2
序号	案例内容		案例分析
9.1	**熊猫他爸绝对是生意高手** 　　熊猫他爸是一只鸭子,这是 2008 年美国动画大片《功夫熊猫》留给我们的笑料,但是,这个出镜率不高、台词很少的面汤家族 CEO 兼首席厨师,有着极其丰富的生意技巧,特别是它对消费者的分析以及心理把握,在影片中十分出彩,台词不多却深藏机锋,闪亮智慧,绝对是做生意的高手。 　　熊猫他爸的面汤馆只出现一次,但是,座无虚席,生意很好。 　　熊猫他爸很看重自己的面汤馆,年轻时也曾想过要去做豆腐,但很快就发现那只是一个无聊的梦而已,因为他发觉自己血液里流淌的是面汤。对自己准确的定位和对职业深厚的感情,为熊猫他爸做好生意打下了坚实的基础。 **老字号招牌的应用** 　　为什么熊猫他爸不去做豆腐,只热衷经营面馆?因为他通过分析,知道消费者对品牌老字号有着独特的情结。一个百年老店能生存下来,说明其口碑和信誉都不会太差,因此,消费者也愿意到这样的地方消费。熊猫他爸很好地抓住了消费者这种特性,在他的面馆墙上显眼位置,挂着熊猫他爷爷、太爷爷还有面汤馆创始人的照片,按照剧中熊猫阿宝的说法,为了看玉殿选龙斗士,大家已经等了一千年了,再说已经是三代相传,因此,这个面汤馆的招牌,历史肯定不会太短,这样的老字号招牌,是生意兴隆的一个主要支撑点。 　　熊猫他爸对这个老字号招牌也非常看重,尽管时代在进步,做面汤的技术也在不断改进,但当他告诫阿宝要来继承面汤馆生意的时候,第一强调(全球品牌网)的还是这个老字号招牌,这是阿宝的太爷爷打麻将从一个朋友手中赢过来的,有着很长的历史。因为他明白,老字号招牌对消费者的吸引力是多么强大。 **把握消费者的心理** 　　在所有顾客都要前往玉殿看龙斗士选秀时,熊猫他爸很快地从这热闹当中发现了商机,当然,这也是他通过长期观察和分析所积累的结果。他告诉阿宝,在这种热闹的地方,一定要把面汤车带上,因为,这种场合,除了摆地摊不用收税之外,对消费的需求也是		对自己准确的定位和对职业深厚的感情,为熊猫他爸做好生意打下了坚实的基础。 　　老字号招牌,是生意兴隆的一个主要支撑点。因为老字号招牌对消费者的吸引力很强大。 　　在热闹的地方,对消费的需求也是相当大的,是一个做生意的好场所。就

序号	案 例 内 容	案例分析
9.1	相当大的,是一个做生意的好场所。而且,在这种地方,就算把面汤的价格提高一倍,也没有太多的人有异议。一来,这是一个相对垄断性的生意,大家都把精力集中到海选和PK中,没有多少人来参与生意的竞争或在意价钱的高低。在这种形势下,粉丝们的消费心理防线是相当低的,他们或许会为着心中的偶像当选,花上比平时更高的价钱,买一点食物来庆祝;又或者,看不到自己心中的偶像当选龙斗士时,会像熊猫阿宝一样,不开心的时候就吃点东西。 **绝密配方的魅力** 　　对消费者的分析,确实是一个企业发展的有力手段,也是一个面汤馆CEO市场战略眼光所在。为什么熊猫他爸的面汤馆生意会这么好,那是因为他家有独特的食材配方,这一点,熊猫阿宝也一直深信不疑,他甚至在给幻影螳螂等人做面汤的时候,还不忘推销一下自家的面汤馆,说有空一定要去试试他家面汤馆的真正手艺,因为那儿有绝密的食材配方。但是,这个配方到底是什么,谁也不知道。 　　在这里,我们也可以推断出,和平谷村里绝对不止熊猫他爸开的一家面汤馆,但是其他面汤馆的生意肯定没有这儿好,为什么呢？一来这是一个老字号的招牌,二来他有绝密的食材配方,消费者感觉非常神秘,非常好奇。 　　在非常时刻,熊猫他爸终于对阿宝爆出了绝密食材配方的秘密,"我私家汤的绝密食材,就是……什么都没有"。石破天惊,连阿宝都不相信,但是熊猫他爸一语点破天机:"只要你认为它特别,它就特别了。"这绝对不是熊猫他爸自己创造出来的,而是经过长期对消费者分析、积累产生的结果,或许这也是他们上一辈子留下来的经验,但不管如何,这一点,确实是把握住了消费者的心理。这让我想起一则小笑话,一个老总问资深顾问,如何把这条企业新闻快速传播出去？资深顾问告诉他,马上封锁现场,杜绝一切新闻记者采访。第二天,果然新闻传遍大街小巷。在此,我们可以看出熊猫他爸的生意城府有多深。 **无处不在的品牌建设** 　　在影片临近结束的时候,熊猫阿宝打败了黑豹太郎,使和平谷村民不必再逃难。大家非常高兴,把阿宝当成了最大的英雄。这个时候,熊猫他爸再次显示了他抓住消费者、建设品牌的功底,在喧哗的人群中,他貌似自言自语却又非常大声地喊道:这个又高又帅的大英雄,就是我的儿子。对于别人来说,这或许是出自内心的	算把价格稍稍提高,也没有太多的人有异议。因为大家都把精力集中到热闹事情中,没有多少人来参与生意的竞争和在意价钱的高低。 　　"只要你认为它特别,它就特别了。"这绝对不是熊猫他爸自己创造出来的,而是经过长期对消费者分析、积累产生的结果,或许也有他们上一辈子留下来的经验,但不管如何,这一点,确实是把握住了消费者的心理。对消费者的分析,是一个企业发展的有力手段,也是一个面汤馆CEO市场战略眼光所在。 　　这是一个免费的品牌代言人策略,代言人的目的是就是分析出消费者的心理需求,把他们牢

序号	案 例 内 容	案例分析
9.1	一声惊喜慨叹,但对精于商道的熊猫他爸来说,这绝对是一次抓住消费者的别有用心,他在向消费者传播着这样的一则信息,最大的英雄产生于我们的面汤馆,他是吃这个面汤长大的,所有的人,都可到我们这儿来喝面汤,长成大英雄。这是一个免费的品牌代言人策略,目的就是分析出消费者的心理需求,把他们牢牢绑定在自己的消费场所。 　　世事无巧合。熊猫他爸,绝对是一个生意高手。 　　——摘自"中国营销传播网"	牢绑定在自己的消费场所。

信 息 单

学习领域	《职业观与职业道德》——纵横职场		
学习情境9	"职业商数"综合测评	学时	2
职业智慧感言:			

不一定做商人,但要不缺乏"职商"。
职商:职场发展的根本。
加一点智慧的作料,让工作的汤鲜起来。
立足职场,打造自己的核心竞争力,以空杯心态,不断超越自己。

9.1 职业商数的含义

职业商数是一个全新的概念,它的含义是:在职场中获得成功的素养及智慧。

职商都包括什么?《一生成就看职商》的作者吴甘霖认为,以下十大职业素养构成了"职商"的大厦:

(1)敬业,只有你善待岗位,岗位才能善待你;(2)发展,与单位需要挂钩,才会一日千里;(3)主动,从要我做到我要做;(4)责任,会担当才会有大发展;(5)执行,保证完成任务;(6)品格,小胜凭智,大胜靠德;(7)绩效,不重苦劳重功劳;(8)协作,在团队中实现最好的自我;(9)智慧,有想法更要有办法;(10)形象,你就是单位的品牌。

图9-1 "智慧"书画

9.2 职商:职场发展的根本

9.2.1 成功跨越应聘之门的钥匙

用人单位在招聘时,总是会想尽各种方法去全方位地考验一个人,以此来确定他适不适合这项工作。而看一个人,不能只看他表面上做了什么事,更要看他在日常生活中的行为,这才是最能透露他本质的东西。所以,作为用人单位,不仅会在明面上考察一个人,也会在暗地里观察他。

某公司人力资源负责人刘小姐在讲座中曾经讲过应聘时的细节问题,每次有人去面试的时候,她都会先给对方倒一杯茶。面对这杯茶,面试者的反应有很大的区别:

第一种人,当看到有人给他倒茶时,一动不动,心安理得地在椅子上稳稳地坐着。

第二种人,将茶杯拿起来放到边上,连声称谢。

第三种人,立刻站起身来,抢过茶壶,说:"我来、我来……"

刘小姐认为通过这一杯茶,就能看到人的不同素养。

第一种人自不必说,连基本的礼貌都不懂。

第二种人虽有礼貌,但不够主动。

而第三种人,是最有"眼力见儿"的人,会主动做事。

所以,永远也不要以为应聘等会儿才开始,其实这一刻就已经开始了,你一定要在第一时间打足你的素质分。

假如你对某公司的某职位感兴趣,那么你就要将所有的准备工作做到最好。即使给你的问题很轻松,也要认真对待。所谓"狮子搏兔,也用全力",更何况,这是牵涉自己前途与命运的就业机会呢!

你也许才高八斗,你也许学富五车,但你同时一定要明白:知识不等于素养。即使你智商很高,但如果没有职商,还是会在职场上撞墙,许多珍贵的机会甚至会白白溜走。

9.2.2 一流员工的职业标准

比尔·盖茨时常被问及如何做一个优秀的员工,于是他总结出了他认为"最好最杰出"员工的十个共同特征。第一,你必须对自己所在公司或部门的产品具有起码的好奇心。第二,在与你的客户交流如何使用产品时,你需要以极大的兴趣以及传道士般的热情和执著打动客户,了解他们欣赏什么、不喜欢什么。第三,当你了解了客户的需求后,你必须乐于思考如何让产品更贴近并帮助客户。第四,作为一个独立的员工,你必须与公司制订的长期计划保持步调一致。第五,在对周遭事物具有高度洞察力的同时,你必须掌握某种专业知识和技能。第六,你必须能非常灵活地利用那些有利于你发展的机会。第七,一个好的员工会尽量去学习了解公司业务运作的经济原理,并分析为什么公司的业务会这样运作?公司的业务模式是什么?如何才能盈利?第八,好的员工应关注竞争对手的动态。第九,好的员工善于动脑子分析问题,但并不局限于分析。第十,不要忽略了一些必须具备的美德,如诚实、有道德和刻苦。

9.2.3 超越知识和技术的核心竞争力

1. 核心竞争力

核心竞争力是在某一组织内部经过整合了的知识和技能,是企业在经营过程中形成的不易被竞争对手效仿的、能带来超额利润的、独特的能力。在职场竞争中,个人要具备三种能力。

(1) 一种是参加竞争所必需的基本的能力。

(2) 一种是使自己在同样竞争条件下领先别人的能力,叫核心能力。

(3) 最后一种就是核心竞争力,核心竞争力其实就是不断加强完善自己核心能力的能力。

基本能力和核心能力是相对显性的,能够通过工作很快比较出来。而核心竞争力是相对隐性的,是在背后起作用,它的功用通过核心能力来体现。

2. 打造个人的核心竞争力的秘诀

人格+特长是打造个人核心竞争力的关键。

健全、高尚、完善的人格是立身之本,而特长是谋生之本,这二者仿佛是人的两条腿,缺一不可。一个人如果只有人格魅力,没有特长,他是难以在竞争中取胜的;相反,一个人如果有特长,却人格低下,这样的人也不能在竞争中取胜。只有把二者结合起来,你才能在竞争中立于不败之地。

3. 打造个人核心竞争力的途径

终身学习,快速应变,勇于创新,不断成长,发展特长。

形成最具有竞争力的最佳方法就是:做你最喜欢的事,做你最擅长的事。你可以选择一个最感兴趣的专业知识领域,从中挑选一个最喜欢研究的项目,运用你的天赋,进行深入细致的研究,一直研究到底,直到你成为这个领域中出类拔萃的专家,大家都公认你是这个领域的第一名,只要人们想到这件事就能马上想到你。如果你有了这种本领,你肯定能生活得非常好。

4. 转变观念,提高核心竞争力

我在为谁工作？——观念决定命运

(1) 观念决定思路,思路决定命运。(2) 是工作需要你,还是你需要工作。(3) 只有珍惜工作,才会全力以赴。(4) 不为薪水而工作,你就迈出了成功的一步。(5) 机会就在你工作的激情中。

我要怎样工作？——态度决定一切

图 9-2 宣传画

（1）用正确的态度做正确的事。（2）工作需要感恩的心。感恩父母,感恩家庭,感恩领导和同事。（3）成功要素的分析。态度也是一种能力。（4）企业中存在的三类工作态度分析。第一类:得过且过;第二类:牢骚满腹;第三类:积极进取。（5）工作中的主人翁意识。（6）海纳百川、有容乃大。（7）享受生命过程。

打造个人竞争力——习惯塑造品质

（1）责任。社会责任和个人责任。（2）专心。专攻一业,必有所成。（3）细节。（4）沟通。（5）计划搬掉三座大山:时间压力、财务压力、保持工作与家庭之间良好平衡。

9.3	如何快速提升自己的职商

9.3.1 成功转换,变自然人为单位人

第一,从"学校人"到"社会人";第二,从"知识人"到"能力人",即从会学习到会做事;第三,从"自然人"到"单位人"。在职业生涯中,这三大转换成功与否,直接关系到每个人事业的发展。尤其是第三种转换,更是提升职商的关键。

9.3.2 让职业素养成为自己的第二天性

作为职场中的人,如果对职业素养的贯彻还必须以纪律来约束,那么你的职业化还处于幼儿时期,你的职商还处于低水平。你不仅要用手工作,更要用心工作。只有全身心地投入,让职业素养成为身体的一部分时,才标志着自己作为职业人的真正成熟。当职业素养成为你为人处世的方式,成为一种生活习惯,你的职商才真正提高了。

9.3.3 打造自己的优势,为提升职商提供坚实后盾

平时要不断思考、学习和积累经验,厚积才能薄发。同时要做一粒主动发光的金子,懂得在关键时刻发光。在成功的基础上发现自己的比较优势,然后让优势越来越优。实力加上高职商一定能让你成就自己的事业,翱翔于天地间。

9.3.4 以空杯心态不断超越

学会时刻归零,在反思和改变中超越自己。以往的成功要素很可能成为你迈向新成功的陷阱。不要让自己以往的优秀成为未来卓越的大敌!

9.3.5 遵循下列细节,可以提高你的职业商数

1.不说"不可能";2.凡事第一反应:找方法,不找借口;3.遇到挫折对自己说声:太好了,机会来了！4.不说消极的话,不落入消极的情绪,一旦发生问题立即正面处理;5.凡事先订立目标;6.行动前,预先做计划;7.工作时间,每一分、每一秒做有利于生产的事情;8.随时用零碎的时间做零碎的事情;9.守时;10.写点日记,不要太依靠记忆;11.随时记录想到的灵感;12.把重要的观念、方法写下来,随时提示自己;13.走路比平时快30%,肢体语言健康有力,不懒散、委靡;14.每天出门照镜子,给自己一个自信的微笑;15.每天自我反省一次;16.每天坚持一次运动;17.在做重要的事情时、疲劳时、紧张时、烦躁时,平静一分钟;18.开会坐前排;19.微笑;20.用心倾听,不打断对方的话;21.说话有力,感觉自己的声音能产生感染力;22.说话之前,先考虑一下对方的感觉;23.每天有意识赞美别人三次

以上;24. 及时表示感谢,如果别人帮助了你的话;25. 控制住不要让自己作出为自己辩护的第一反应;26. 不用训斥、指责的口吻与别人说话;27. 每天做一件"分外事";28. 不管任何方面,每天必须至少做一次"进步一点点",并且有意识地提高;29. 每天提前15分钟上班,推迟30分钟下班;30. 每天下班前5分钟做一下今天的整理工作;31. 定期存钱;32. 节俭;33. 时常运用"头脑风暴",利用脑力激荡提升自己创新能力;34. 恪守诚信;35. 学会原谅。

计 划 单

学习领域	《职业观与职业道德》——纵横职场		
学习情境9	"职业商数"综合测评	学时	2
计划方式	个人计划	学时	0.5

计划步骤	序号	工作步骤	使用资源

制订计划说明	

计划评价	班级		第 组	组长签字	
	教师签字			日期	
	评语：				

实 施 单

学习领域	《职业观与职业道德》——纵横职场		
学习情境9	"职业商数"综合测评	学时	2
实施方式	测试法	学时	0.5

序号	实施步骤	使用资源

实施说明	
班级	第 组	组长签字	
教师签字		日期	

测 试 单

学习领域	《职业观与职业道德》——纵横职场		
学习情境9	"职业商数"综合测评	学时	
测 试 内 容			

请认真、准确、真实地回答测试中的每一个问题,在每题之后画"√"或"×"。

1. 树立自信心

（1）你曾经是世界级的冠军吗？

（2）你在大自然中是独一无二的吗？

（3）你相信自己有无穷的智慧吗？

（4）你是一个正直、勇敢的人吗？

（5）你相信自己有能力去做你要做的事吗？

（6）你是否能够合理地摆脱下列七种恐惧：A.贫穷 B.批评 C.疾痛 D.失去爱 E.失去自由 F.年老 G.死亡

2. 确定价值观

（7）你认为你生来对他人及社会就承担着历史责任吗？

（8）你认为你生来对自己也承担着历史责任吗？

（9）你认为你的行为符合舍己利人的类型吗？

（10）你认为人生追求要素中奉献应当排在首位吗？

（11）你认为你的事业、财富、爱情、健康四要素应当单项独进吗？

3. 确定目标

（12）你确定了一生的主要目标吗？

（13）你是否已定下了达到上述目标的时限？

（14）你是否也订下了达到上述目标的具体计划？

（15）你是否规定了上述目标给你带来一定利益？

4. 积极的心态

（16）你是否知道积极心态的意义？

（17）你能控制你的心态吗？

（18）你知道任何人都能用充分的力量去控制的唯一的东西是什么吗？

（19）你知道如何去发现你自己和别人的消极心态吗？

（20）你知道如何使积极心态成为习惯吗？

5. 敬业精神

（21）你认为精力充沛是敬业的前提吗？

（22）毕业后,你自己选择的工作,你会全身心地投入吗？

（23）你不会对你将来所从事自己不喜欢的工作付出代价,对吗？

（24）毕业后,迫于无奈,接受第一份你不喜欢或专业不对口的工作,你会马上跳槽吗？

测 试 内 容

(25) 从事简单、重复的一份工作,你能坚持30年吗?

6. 正确的思想

(26) 当你谈到你的竞争对手时,你能做到既不会夸张对方的错,也不会忽略他的美德吗?

(27) "我可以欺骗他人,但我知道我不能欺骗自己。"你认为这句话对吗?

(28) 你是否经常阅读一些有哲理或者有关成功学的书籍?

7. 自制力

(29) 当你生气时,你能沉默不语吗?

(30) 你有三思而行的习惯吗?

(31) 你易于丧失信心吗?

(32) 你的性情一般是平和的吗?

(33) 你习惯于让你的情绪控制你的理智吗?

8. 出众的才华

(34) 你总是通过影响别人来达到自己的目的吗?

(35) 你相信一个人没有别人的帮助会取得成功吗?

(36) 你相信一个人如果受到他的父母或他的朋友的反对,他在工作中也容易取得成功吗?

(37) 你认为你将来的上司和你融洽地在一起工作有好处吗?

(38) 当你所属的学校或企业受到赞扬时,你会感到自豪吗?

9. 迷人的个性

(39) 你有让人讨厌的习惯吗?

(40) 你有应用"金科玉律"的习惯吗?

(41) 同你在一起学习的人喜欢你吗?

(42) 你常常打扰别人吗?

10. 首创精神

(43) 你是否能按计划学习?

(44) 你的学习有计划性或是模式性吗?

(45) 你在学习中具有别人所没有的突出才华吗?

(46) 你有拖延的习惯吗?

(47) 你有力图将计划制订得更完备以提高学习效率的习惯吗?

11. 热情

(48) 你是富有热情的人吗?

(49) 你能倾注你的热情去执行你的计划吗?

(50) 你的热情是否会干扰你的判断?

12. 注意力的控制

(51) 你习惯于把你的思想集中到你所学的专业上吗?

测 试 内 容

(52) 你易于受外界的影响而改变你的计划或决定吗?
(53) 当你遇到反抗时,是否倾向于放弃自己的决定或计划?
(54) 你是否能排除不可避免的烦恼而继续学习?

13．协作精神

(55) 你能否与别人和睦相处?
(56) 你是否能像你随便要别人给予帮助那样给予别人以帮助?
(57) 你是否经常与别人发生争论?
(58) 你是否认为处理好人际关系有很大的好处?
(59) 你知道不和你的同学团结会造成损失吗?

14．从失败中学习

(60) 你是否遇到失败就停止努力?
(61) 如果你在某次尝试中失败了,你能继续努力吗?
(62) 你是否认为暂时的挫折就是永久的失败?
(63) 你是否从失败中学到了某些教训?
(64) 你知道如何将失败转变为成功吗?

15．创造性的想象力

(65) 你能运用你的建设性的想象力吗?
(66) 你是否具有决断力?
(67) 你是否认为只会照章办事的人比能提出新主意的人更具有价值?
(68) 你是发明创造型的人才吗?
(69) 你是否就你的工作提出行之有效的建议?
(70) 当处于令人满意的境地时,你能听从合理的忠告吗?

16．安排好时间和金钱

(71) 你能否按固定的比例节省你的收入?
(72) 你花钱不考虑将来吗?
(73) 你每夜都睡得很充实吗?
(74) 你是否养成了利用业余时间研读自我修养书籍的习惯?

17．保持身心健康

(75) 你是否知道保持身体健康的要素?
(76) 你是否知道保持心理健康的要素?
(77) 你是否知道休息和健康的关系?
(78) 你是否知道调节健康所必需的元素?
(79) 你知道"忧郁症"和"心理疾病"的意思吗?

18．个人习惯

(80) 你是否已养成了你所不能控制的习惯?
(81) 你是否已戒除了不良的习惯?

测 试 内 容

（82）近来你是否养成了新的良好习惯？

在以上的82个问题中,有21个问题应画"×"。它们是(23)(24)(27)(30)(31)(33)(35)(36)(39)(40)(44)(46)(50)(52)(53)(57)(60)(62)(67)(72)(80)。其余61个题都应画"√"。答对了的题,每题得4分,反之不得分。根据得分,即可测评出你的成功商数等级：

0~104 分	极差
108~202 分	较差
206~282 分	一般
286~314 分	优良
318~324 分	极优

评 价 单

学习领域	《职业观与职业道德》——纵横职场				
学习情境9	"职业商数"综合测评		学时		0.25
评价类别	项目	子项目	个人评价	组内互评	教师评价
专业能力(60%)	资讯(10%)	搜集信息(5%)			
		引导问题回答(5%)			
	计划(5%)	计划可执行度(5%)			
	实施(5%)	工作步骤执行(5%)			
	检查(10%)	全面性、准确性(5%)			
		思想性(3%)			
		现场应变能力(2%)			
	过程(10%)	语言表达规范性(5%)			
		问题分析逻辑性(5%)			
	结果(10%)	结果质量(10%)			
	作业(10%)	完成质量(10%)			
社会能力(20%)	团结协作(10%)	参与度与合作精神(5%)			
		对小组的贡献(5%)			
	敬业精神(10%)	态度认真(5%)			
		遵守纪律(5%)			
方法能力(20%)	计划能力(10%)				
	决策能力(10%)				
评价评语	班级		姓名		学号		总评	
	教师签字		第　组		组长签字		日期	
	评语:							

教学反馈单

学习领域	《职业观与职业道德》——纵横职场				
学习情境9	"职业商数"综合测评		学时		0.25
调查项目	序号	调查内容	是	否	理由陈述
	1	在此之前你知道什么是职商吗？			
	2	职商的高低能影响事业成败吗？			
	3	你明确自身的职商状况吗？			
	4	你的职业商数是否需要提高？			
	5	你找到提高自身职商的办法了吗？			
	6	你的办法是否可行？			
	7	你认为毕业时职商是否能有所提高？			
	8	你现有的职业素质是否能适应职场？			
	9	你最崇拜哪个职业人士？			
	10	从他身上你看到了什么职业素质？			

收获、感悟与体会：

你的意见对改进教学非常重要，请写出你的建议和意见。

调查信息	被调查人签名		调查时间	

参 考 文 献

1. 颜咏. 大学生职业道德. 北京:北京理工大学出版社,2007
2. 高兴. 大学毕业生综合素质测评. 北京:北京出版社,2007
3. 曼德. 新职业观. 北京:人民邮电出版社,2006
4. 谢元锡. 大学生职业素质修养与就业指导. 北京:清华大学出版社,2007
5. 杜愚. 人在职场. 北京:电子工业出版社,2005
6. 朱江. 敬业确实有道理. 北京:电子工业出版社,2005
7. 张国宏. 职业素质教程. 北京:经济管理出版社,2006
8. 胡剑峰. 大学生职业指导. 北京:北京大学出版社,2006
9. 教育部高等教育司. 职场必修——高等职业教育学生职业素质培养与训练. 北京:高等教育出版社,2005
10. 张强. 大学生择业与就业指导教程. 北京:世界知识出版社,2006
11. 吴甘霖. 一生成就看职商. 北京:机械工业出版社,2006
12. 陶学忠. 职业训练. 北京:中国经济出版社,2005
13. 王振武. 职业道德与就业指导. 北京:中国计量出版社,2006
14. 关云富. 高职学生就业与创业指导. 黑龙江:哈尔滨地图出版社,2004
15. 孟森. 与公司同呼吸. 北京:清华大学出版社,2006

郑 重 声 明

高等教育出版社依法对本书享有专有出版权。任何未经许可的复制、销售行为均违反《中华人民共和国著作权法》,其行为人将承担相应的民事责任和行政责任,构成犯罪的,将被依法追究刑事责任。为了维护市场秩序,保护读者的合法权益,避免读者误用盗版书造成不良后果,我社将配合行政执法部门和司法机关对违法犯罪的单位和个人给予严厉打击。社会各界人士如发现上述侵权行为,希望及时举报,本社将奖励举报有功人员。

反盗版举报电话:(010)58581897/58581896/58581879
反盗版举报传真:(010)82086060
E - mail:dd@hep.com.cn
通信地址:北京市西城区德外大街4号
　　　　　高等教育出版社打击盗版办公室
邮　　编:100120

购书请拨打电话:(010)58581118